记忆之道

人人都能成为学习高手

申一帆 著

电子工业出版社
Publishing House of Electronics Industry
北京·BEIJING

内容简介

本书共7章，系统、全面地介绍了各种非常实用的记忆方法。不管是记单词、记文字，还是记数字、记考点重点，你都能在书中找到高效、实用的记忆方法，解决记忆上的种种困扰。

本书适合学生及任何对学习记忆方法感兴趣的人士使用。

图书在版编目（CIP）数据

记忆之道：人人都能成为学习高手/申一帆著. —北京：电子工业出版社，2023.7
ISBN 978-7-121-45489-9

Ⅰ.①记… Ⅱ.①申… Ⅲ.①记忆术—通俗读物 Ⅳ.①B842.3-49

中国国家版本馆CIP数据核字（2023）第073311号

责任编辑：张月萍
印　　刷：天津千鹤文化传播有限公司
装　　订：天津千鹤文化传播有限公司
出版发行：电子工业出版社
　　　　　北京市海淀区万寿路173信箱　　　　邮编：100036
开　　本：720×1000　　　1/16　　　　印张：15　　字数：320千字
版　　次：2023年7月第1版
印　　次：2023年7月第1次印刷
定　　价：99.00元

凡所购买电子工业出版社图书有缺损问题，请向购买书店调换。若书店售缺，请与本社发行部联系，联系及邮购电话：（010）88254888，88258888。

质量投诉请发邮件至zlts@phei.com.cn，盗版侵权举报请发邮件至dbqq@phei.com.cn。

本书咨询联系方式：faq@phei.com.cn。

自　序

亲爱的读者，你好！我是申一帆，见字如面。

从小我就喜欢看名人伟人的传记。我知道，古往今来，在这个世界上，出现过很多非常聪明的天才级人物，他们取得了辉煌的成就。见贤思齐，我想学习、探究他们的思维方式，以及他们的学习方法，看看他们有什么过人之处，我想让自己变得更优秀。

我相信好的记忆力绝对是不可或缺的能力，许多天才都有着惊人的记忆能力。幸运的是，经过持续不断地探索、研究和练习，我在学生时代探寻超强记忆秘密时的疑惑早已烟消云散，取而代之的是十足的自信和对记忆力的深刻见解。

8年前，我20岁，在武汉大学图书馆独自训练了一个月，拿到了"世界记忆大师"的终生荣誉称号。

此后我一直在学习、研究并且持续精进自己的记忆方法和技巧，不管是在神经科学的层面还是在记忆应用的层面，我对它们都有了更深刻的见解，也练就了更强大的记忆能力。

十多年的研究、摸索、练习和教学，到今天，我相信自己对超强记忆的很多"秘密"都已经了然于胸，甚至有些超强记忆技巧在世界范围内也是顶尖的（这需要练习和领悟）。我也希望将这份发现呈现给你。当然，学无止境，大脑记忆的奥秘和记忆术的应用还有很大的探索空间，我也会持续探索、精进；只是，比起当初那个十几岁的少年，我多了几分自信和坚定。

因为好的记忆力，我在大学期间获得了国家奖学金，并被保送硕士研究生，总计获得了奖学金、比赛奖金150余万元。我可以快速记住古诗、文言文、数学公式，也可以在几分钟内记住一篇英语文章。我曾经两天点背一本《道德经》，3天点背一本484页的雅思单词书，7天点背一本449页的GRE单词书。点背就是记得这本书任意页码中的内容。

我越研究记忆法，越觉得记忆法有用，越觉得记忆法奇妙！所以我希望让更多的人体会到这种奇妙的感觉。尤其是书中介绍的加强版记忆宫殿法，简直妙不可言！这也是我写作本书的最大动力。

本书内容安排

本书分为三部分，从原理到方法，再到进阶和应用，由浅入深，循序渐进。

第一部分"基础篇"，包括超级记忆法原理、中文超级记忆法、英文超级记忆法和数字超级记忆法等4章。这部分会帮助你打好基础，掌握各类信息的快速记忆方法。熟练掌握这些方法后，你看到各类信息就都能找到对应的方法快速记忆。

第二部分"进阶篇"，包括打造超强记忆宫殿和记忆宫殿进阶两章。这部分会手把手地教你打造属于自己的记忆宫殿，以及帮你掌握各类记忆宫殿法，并揭秘如何用记忆宫殿法记住一整本书甚至记得任意页码中的内容的方法。

第三部分"应用篇"。这部分讲述了包括语文、数学、英语、物理、化学、生物、政治、历史、地理共9门学科的知识记忆方法，并呈现详细的记忆示例，让你能更好地理解和掌握方法，成为记忆王！

不过，考虑到此书是面向广泛人群的一本讲解记忆方法的书，为保证阅读的流畅性，本书删减了部分过于专业和难度较大的内容。此外，由于图书中图文媒介本身的限制性，对于部分记忆方法和内容的展示可能不及视频、声音、动画和线下空间感的展现生动，因此本书尽极大努力制作了大量精美的图片来弥补此类不足，希望你能利用好这些图片去增强自己的记忆力。

本书特色

★ 内容全面，方法顶尖

本书内容全面，实用性强。书中呈现了生动有趣的记忆方法，一看就懂；配有实用性极强的案例讲解，一学就会；还有顶尖的独家记忆方法，记忆效率高。

★ 图文并茂，案例详细

本书图文并茂，案例讲解详细。书中对记忆方法和案例的讲解均配有大量精美的图片，方便你理解和记忆，同时美观性也会提高阅读的愉悦感。

★ 软件加持，学练结合

本书还有训练软件加持（微信搜索"图样大脑"小程序），可以让你将数字记忆、单词编码、记忆宫殿等知识点掌握得更好，能更行之有效地训练自己的记忆能力。

本书读者对象

本书适合学生及任何对学习记忆方法感兴趣的人士使用。

寄语

我一直深信，但凡前人能够做到的事情，后来人也能够做到，甚至做得更好！因为所有的能力都是有迹可循的，所有的技巧都是可以学习和训练的。人类社会是不断发展进步的，只要掌握了正确的方法，别人能做到的，你也可能做到，甚至做得更好！

2014年获得"世界记忆大师"荣誉称号

参加《最强大脑》挑战赛

《最强大脑》中英PK赛获胜

参加《天天向上》节目

展示速记随机字母

参加线下记忆力特训营

所获奖杯

获得国家奖学金证书

获得首届中国青年APP大赛全国冠军

获得全球"互联网+"创新创业大赛冠军及30万元奖金

获得第十一届"挑战杯"大学生创业计划竞赛全国金奖

入选"3551光谷人才计划"

目　录

第1章　超级记忆法原理

要想拥有超强记忆，首先需要知道大脑记忆和遗忘的规律。
本章介绍超级记忆法原理，带你走进记忆法神奇的世界。

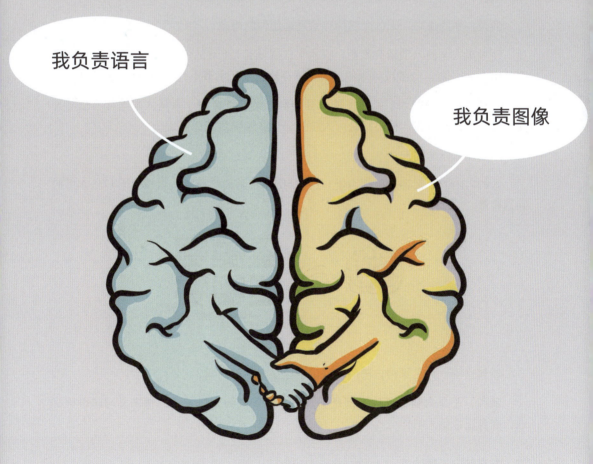

第1节　神奇的大脑

一、重新认识你的大脑

大脑，可以算是人类最神秘的器官了。

大脑是我们神经系统最高级的部分，由左、右两个半球组成，两个半球之间有横行的神经纤维相联系。大脑不仅是调节人体机体功能的器官，同时也是意识、精神、语言、学习、记忆和智能等高级神经活动的物质基础。

但是，你知道吗，人的大脑的存储量远超你的想象！

斯坦福大学的一项研究表明，仅大脑皮层就有125万亿个突触。一个突触可以存储4.7比特的信息。一般成年人的大脑可以存储数万亿字节（1字节=8比特）的信息。

根据《科学美国人》杂志上的一篇科学报道，神经科学家将人脑储存容量与计算机储存容量做对比，得出结论：大脑的记忆容量约为250万GB。

这是什么概念呢？

人的大脑的记忆容量，相当于1万台250GB电脑的储存量，也相当于47亿本书的知识容量。

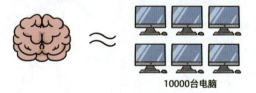

10000台电脑

大脑容量巨大

看到这里，你还觉得自己的脑袋记不住那么多东西吗？

其实，不是大脑记不住，而是你没有掌握正确的记忆方法！快来学习超级记忆法，变身记忆达人吧！

二、左右脑分工理论

我们都知道，人的大脑分为左脑和右脑，可是你知道左右脑的功能区别吗？

1961年，美国神经心理学家罗杰·斯佩里博士（Roger Wolcott Sperry）通过著名的割裂脑实验，证实了大脑不对称性的"左右脑分工理论"，并因此荣获1981年的诺贝尔生理学或医学奖。

实验结果认为：

左半脑主要负责逻辑、语言、数学、文字、推理、分析等。

而右半脑主要负责图画、音乐、韵律、情感、想象、创造等。

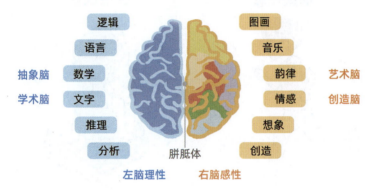

左右脑分工图

感性地说，左脑是"逻辑脑"，主管逻辑和分析等方面；右脑是"图像脑"，主管图像和想象力等方面。

有的时候大家可能会听到这样的说法：我们的右脑基本没有用，需要开发。这样的说法其实是不准确的，因为我们的大脑在处理日常学习、生活中的很多事情时，左右脑是同时参与的，只不过有的人左脑发达，有的人右脑发达。而全脑记忆法正是充分利用人类左右脑的特性，帮助我们更好地记忆。

三、大脑健康

在人的大脑中，主要成分是血液，血液占到了80%。虽然大脑的重量只占人体体重的2%，但是耗氧量却达到了全身耗氧量的25%，血流量占心脏输出血量的15%，一天内流经大脑的血液为2000升。所以说，大脑的能量消耗很大，是需要补充营养的。

大脑对我们来说实在是太重要了，所以一定要保护好我们的大脑哦！我们可以坚持以下好习惯，保护好大脑，让我们的大脑越来越聪明。

健康作息　　　　　健康饮食

积极运动　　　　　冥想

思维训练　　　　　学习新事物

　　另外，据科学家估计，人脑大约有860亿个神经元，通过学习能够促进大脑神经元的生成，让神经元之间建立更多的连接。而如果不常用脑，脑细胞之间的连接慢慢衰退，脑细胞死亡也会越来越多。

　　所以，大家一定要记住：大脑就像肌肉，越练越发达！越用越灵活！越用越聪明！一定要多思考，多训练自己的大脑，让自己的大脑更强大。

第2节　记忆与遗忘

一、什么是记忆

英国科学家弗兰西斯·培根曾经说过，"一切知识，只不过是记忆"，可见记忆的重要性。确实如此，人类的一切学习活动都离不开记忆。那到底什么是记忆呢？

（1）信息加工理论

信息加工理论认为，记忆的过程就是对输入信息的编码、存储和提取。只有经过编码的信息才能被记住。

（2）简单理解版

学术的解释版本可能不太好理解。其实简单来说，"记忆"由两个字组成，一个是"记"，一个是"忆"。"记"代表把东西记在脑袋里面，记得住，记得牢；"忆"就是回忆，代表从大脑里面提取记住的知识或信息。一记一忆，谓之"记忆"。而上述信息加工理论中的编码和存储就相当于"记"，提取就相当于"忆"。

我打个简单的比方。比如夏天在家，你想喝冰饮料。首先你要打开冰箱，把饮料放进冰箱里面冰着。冰箱就好比我们的大脑，饮料就好比我们要记的信息。打开冰箱，把饮料放进冰箱的这个过程，就相当于把信息记在我们的大脑中。当需要喝冰饮料时，我们会打开冰箱把冰好的饮料拿出来，这个过程就相当于从大脑里提取已经记

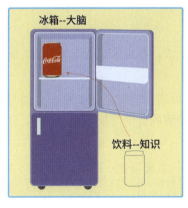
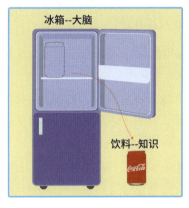

记　　　　　　　　　　　忆

什么是记忆

忆的信息。有时候大家当时记住了信息，但是过后却想不起来了，这就好像把东西放在冰箱里，却不知道放在哪个格子里面了。

因此，要想拥有好的记忆，就必须"记"得好且"忆"得好，既能记得又快又多又牢又久，还能回忆得又快又准。

二、为什么会遗忘

说到记忆，就不得不提遗忘。我们都希望拥有好的记忆力，但是遗忘却总是如影随形地跟着我们。

明明背过的东西，当你需要用的时候却想不起来了；明明背过的英语单词，下次看到很眼熟，可就是想不起来是什么意思；尤其是考试前背熟的知识点，到考场上却怎么也想不起来了。

遗忘的感觉令人抓狂，那怎样才能避免遗忘呢？

心理学认为，遗忘是指识记过的内容在一定条件下不能或错误地被恢复和提取。所以，简单来说，遗忘就是回忆不起来，或者回忆出错。知己知彼，方能百战不殆，我们可以通过学习和了解遗忘的原因来避免遗忘，从而达到更好的记忆效果。

1. 遗忘的四大理论

（1）衰退理论

衰退理论认为：遗忘是因为记忆的痕迹得不到强化而逐渐衰退，就好像水彩笔画的画会随时间推移而褪色一样。

指导意义：所以，要想记得住、不遗忘，就要多重复，加深印象。

（2）提取失败理论

提取失败理论认为：遗忘并不是没有记住，而是缺少提取的线索，如果有正确的记忆线索，就能回忆起来。

比如，背古诗的时候，背到某一句突然后面的就想不起来了，但是别人提醒下一句的第一个字，你又能马上想起来。提醒的这个字就是回忆线索，不是你没记住，而是你想不起来了。

指导意义：所以，要想记得住、不遗忘，就要设置正确、牢固的回忆线索。

（3）干扰抑制理论

干扰抑制理论认为：遗忘是因为在学习和回忆的过程中，受到了其他刺激的干扰所导致的。干扰抑制又分为前摄抑制和后摄抑制。

前摄抑制：之前学习记忆的材料对后面学习的材料有干扰。

指导意义：可以选择早上学习和记忆，因为没有之前记忆的干扰。

后摄抑制：之后学习的材料对先前学习的材料有干扰。

指导意义：可以晚上睡前学习和记忆，因为没有之后记忆的干扰。

所以，我们可以选择晚上睡前和第二天早上起床后的时间来记忆，这样会达到更好的记忆效果。当然，前提是选择睡前和早起后精力比较充沛的时间段，如果早上刚起床还没清醒或者睡前很疲惫，那记忆效果就会打折扣了。

（4）压抑理论

压抑理论认为：遗忘是由于情绪或动机的压抑作用引起的，如果压抑被解除，记忆就能恢复。

比如，考试的时候太紧张一时想不起来，考完后突然就想起来了。再比如，演讲的时候太紧张突然忘词了，下台后就想起来了。

指导意义：考试或者演讲时，一定要保持平常心，不要紧张。

2. 艾宾浩斯遗忘曲线

在记忆界，有一个非常著名的艾宾浩斯遗忘曲线，该遗忘曲线是由德国心理学家艾宾浩斯提出的。艾宾浩斯在研究记忆与遗忘的规律时，选择用一些无音节的字母作为记忆材料。他通过实验发现：遗忘的速度会随时间的变化而变化，一开始遗忘的速度快，忘的内容多；慢慢地，遗忘的速度变慢，遗忘的内容也会变少，但这时候已经忘记大部分内容了。

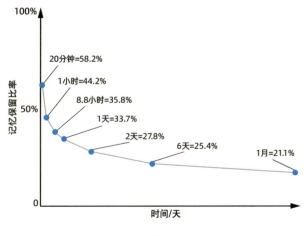

艾宾浩斯遗忘曲线

比如，刚记完，记忆保留量是100％，20分钟后，就只记得58.2％了，1小时后，只记得44.2％，1天后，只记得33.7％，之后记忆保留的内容越来越少。

从艾宾浩斯遗忘曲线中，我们可以看到两个可怕的事实：

（1）遗忘在学习的时候就已经开始了，这就是边学边忘啊。

（2）遗忘的速度非常快。1小时就忘了一半；1天就忘了一大半。

所以，遗忘是一件非常正常的事情。对于重要的知识点，一定要及时复习，不能放任其遗忘殆尽。当然，艾宾浩斯当年用无音节的字母作为实验记忆材料，以自己作为实验对象，记忆方法是机械式记忆（即死记硬背），所以实验有其局限性，数据准确度只能作为参考，但是整体上的规律趋势是正确的。遗忘曲线是因人而异的，与记忆材料和使用的记忆方法也有关。

了解了记忆和遗忘之后，我们就能更好地学习超级记忆法了。后续，我们会介绍更多的方法和技巧，帮大家练就超强的记忆能力。

第3节　超级记忆万能公式

一、长时记忆的两大原则

前面讲了遗忘的四大理论，帮我们更好地理解了遗忘，对我们的记忆效果也有一定的指导意义。但是，这些只是小道理、小方法，要想从根本上真正提高记忆能力，必须理解记忆的机制，学习更强大、更系统的方法，并且加以科学的练习。

1. 长时记忆的形成机制

为什么刚学的知识就会遗忘呢？你需要知道大脑长时记忆的形成机制。

科学家研究认为，信息通过刺激感官进入我们的大脑，一开始是感觉记忆，维持几秒信息就会被遗忘。如果大脑分配了注意力，感觉记忆会变成短时记忆，但是几秒到几分钟内也会被遗忘。如果不断地重复，短时记忆就能形成长时记忆。

当然，如果重复的次数不够，你当下记得非常牢固的内容，也会随着时间的推移慢慢被遗忘。

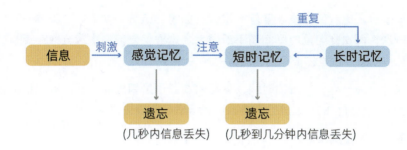

长时记忆的机制

所以要想记忆的效果好，首先，需要在短时记忆形成的过程中对信息分配注意力，换句话说，记忆的时候一定要专注；其次，就是要多重复，这样才能把短时记忆变成长时记忆。

2. 详解长时记忆的两大原则

要想高效达到长时记忆，有两大原则：一个是图像联想法，另一个是间隔重复法。

（1）图像联想法

图像联想法就是利用图像和联想的方式加深记忆效果，这是超级记忆法的底层原理。因为比起机械式的死记硬背，人类大脑对图像的记忆更深刻、更牢固。

比如，看一本文字密密麻麻的全英文字典，和看一部生动有趣的动画片，你觉得哪个印象更深刻呢？当然是后者！大脑更擅长记忆生动有趣的画面和故事场景。

所以，用图像可以加深印象，用联想可以建立起牢固的回忆线索。而且联想的时候最好"以熟记新"，用自己熟悉的东西来联想，从而记住新的知识。

（2）间隔重复法

间隔重复法（Spaced Repetition）是学术界公认的非常有效的记忆方法，通过设置合理的时间间隔进行复习和回忆知识，能更快更牢地记住知识。

艾宾浩斯遗忘曲线告诉我们，遗忘的趋势整体上是先快后慢，而且时间越靠前越容易遗忘。所以，一定要在合适的时间节点进行复习，多多重复。

那到底怎样重复效果才最好呢？怎样使重复次数更少还能达到长时记忆呢？

科学家通过实验表明，如果利用间隔重复法，不断复习所学内容，并逐步增加两次复习间的时间间隔，就能增强记忆效果，更高效地把短时记忆变成长时记忆。

简单来说，比起你一整天重复10次，不如第一天背一次，第二天背一次，隔几天再背一次，两次复习的时间间隔不断增大。这样把复习的次数分散在更长的时间里，记忆效果更好，整体上花的时间可能还会少很多。

和遗忘曲线一样，间隔的时间、重复的次数也是因人而异的，可以根据自己的实际情况和记忆材料的难度进行调整，选择合适的间隔去复习。

参考的间隔重复策略如下：

① 学完之后的5分钟内，立即复习一遍（因为前期遗忘的速度最快）。

② 学完之后的30分钟，再复习一遍（及时巩固记忆效果，检查是否记牢）。

③ 当天晚上睡前复习一遍（没有后摄抑制的影响）。

④ 第二天早上醒来后复习一遍（没有前摄抑制的影响）。

⑤ 最后，每隔几天、几周复习一遍（具体天数可以根据实际情况进行调整）。

虽然看起来复习的次数变多，但对于真正变成长时记忆而言，这样花的总时间其实是变少的。另外，对于记住的内容，熟悉后，每次复习的时间并不长，而且随着熟悉度的加深，所用的时间会越来越少。习惯了间隔重复法之后，就能更容易地形成长时记忆。

总结一下，形成长时记忆一定要使用图像联想法和间隔重复法，两大方法结合起来，记忆效果非常好！

二、详解超级记忆万能公式

对于我们要记忆的各种信息，可以简单地将它们分为四大类型：文字、数字、声音和图像，其中对于文字的记忆，主要需要记忆中文和英文。只要掌握了这几类信息的记忆方法，以后在日常的学习、工作和生活中，记忆都能游刃有余。本书后面的章节，也会按照中文、英文和数字等的记忆方法进行详细讲解。

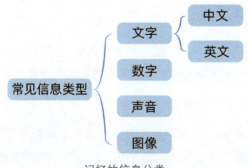

记忆的信息分类

前面讲过，要想形成长时记忆，最好使用图像联想法和间隔重复法。那具体要怎么操作呢？间隔重复法比较简单，养成习惯即可，更重要的是学会使用图像联想法。

不管要记忆什么信息，都可以把信息转化成图像，用图像联想的方式快速记住。具体来说，我们可以按照超级记忆万能公式，来高效记忆各类信息。

超级记忆万能公式，主要有四步：理解、出图、联想和回忆。

超级记忆万能公式

（1）第一步：理解。

首先，要理解待记忆的知识，比如要记忆的单词或中文是什么意思。

（2）第二步：出图。

其次，基于我们对知识的理解，在大脑中想象出相应的图像。

（3）第三步：联想。

然后，将想象的图像进行一定的联想，进一步加深印象，建立回忆线索。通过图像联想的方式，快速记住信息（熟练之后，第二、三步几乎可以同时进行）。

（4）第四步：回忆。

最后，当利用图像联想法记住了信息之后，就可以通过这些图像联想，主动回忆记忆的信息。

在回忆这一步，一定要采取主动式回忆（Active Recall），不是反复读写，而是自己向自己提问，闭上眼睛背诵或复述。对于回忆比较慢或者回忆不起来的部分，可以回到第二、三步，重新用图像联想法快速记住。

记忆这四步也很简单，超级记忆法的核心就是图像+联想。用图像联想记住知识之前，要想象出什么图像呢？所以要先理解，根据理解去想象出图。记住之后，还要检查是否记住了，所以还要回忆检查。因此四个步骤就是：理解、出图、联想和回忆。

需要注意的是，这四个步骤中的每一个步骤都很重要。理解是前提，否则记住了知识也不会运用。图像和联想是操作方式，可以加深印象并且建立牢固的回忆线索。回忆是保证，确保真的记住了知识。

知道超级记忆万能公式的四个步骤后，我们来看一看具体的例子。

例：请记忆下列内容。

中文信息记忆：越南的首都是河内。

英文信息记忆：chrysanthemum，n.菊花

数字信息记忆：质子的质量约为1.6726×10^{-27}kg。

按照超级记忆万能公式的四个步骤，我们来记忆这三种类型的信息。

（1）中文信息记忆：越南的首都是河内。

① 理解：这是一个国家首都的记忆，主要记忆越南和河内。

② 出图：想象越南人的样子或者越过南方，以及一条河的内部。

③ 联想：越往南边走，河内的水越深，越难走。

④ 回忆：越南的首都是＿＿＿＿＿＿＿＿。

（2）英文信息记忆：chrysanthemum，n.菊花

① 理解：这是一个英语单词的记忆，主要记忆单词的拼写和意思，拼写可以拆分为c(h)ry、san、the和mum。

② 出图：想象凳子（h形似凳子）、哭泣的三个妈妈，以及一朵菊花。

③ 联想：菊花凋零了，弄哭（cry）了凳子（h）上的三san个the妈妈mum。

④ 回忆：菊花这个单词的拼写是＿＿＿＿＿＿＿＿。

（3）数字信息记忆：质子的质量约为1.6726×10^{-27}kg。

① 理解：这是一个数字类信息的记忆，主要记忆质子的重量，质子是原子核的重要组成部分，非常微小，也很轻。

② 出图：想象原子核模型中的质子，以及一楼（16）、二楼（26）和耳机（27）的画面。

③ 联想：一个质子像一个小点（.），从一楼（16）跑去（7）了二楼（26），发现空中飘浮了一个耳机（-27）。

④ 回忆：质子的质量约为＿＿＿＿＿＿＿＿。

OK！用超级记忆万能公式的四步，我们轻松记住了以上内容。当然，如果想记得更牢并形成长时记忆，还要结合间隔重复的方法。

简单体验了方法之后，让我们进一步开启超级记忆法的学习之旅吧！

第2章 中文超级记忆法

对中国人而言，经常面临各类中文信息的记忆。
本章讲解字词、知识点、古诗和文章的记忆方法，帮你夯实基础，掌握超级记忆法。

第1节 如何快速记忆字词

一、中文超级记忆原理

前面我们已经讲过，超级记忆法的原理就是用图像联想法，把要记忆的信息转化成图像，再通过联想的方式，建立起牢固的回忆线索。

对于中文记忆来说，就是把要记忆的中文信息转化成图像，再用图像联想法，快速记住。

那具体要怎样做呢？怎样才能记住大量的中文呢？

万丈高楼平地起，再长的文章也是由一个一个的字组成的。文章由段落构成，段落由句子构成，句子由字词构成。

中文记忆原理

所以，要想学会快速记住各种中文，需要先打好基础，从单个汉字的记忆入手，再逐步掌握"词、句、段、篇、章"的记忆方法。

二、字的记忆方法

有人可能会想，记忆单个的字有什么难度，还要学记忆方法吗？当然需要！字的记忆是中文记忆的基础，只有基础打牢，才能快速记住更多的内容。

其中，字的记忆主要包括三方面，字音、字形和字义。也就是说，我们需要记忆字的读音、字的写法和字的意思。

（1）字音的记忆

对于字音的记忆，可以把汉字简单分为形声字和非形声字。

如果是形声字，可以结合声旁记忆。比如"珠、蛛、株、诛、侏、茱、铢、洙"的声旁都是"朱"，也都读"zhū"。

如果是非形声字或者不那么明显的形声字，可以利用谐音法记忆，找一个跟原来字的读音一模一样的字，然后进行联想。

例1：翀，读音是chōng，意思是鸟直着向上飞。

可以联想：羽翼丰满的鸟直着向上飞到很高，然后从中间冲chōng下来。

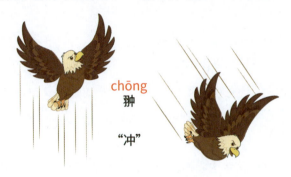

谐音法记忆字音

谐音法也可以用来记忆易错读音的字。具体如下。

例2："晕船"读"yūn chuán"还是"yùn chuán"呢？

这个词读"yùn chuán"，是第四声。那我们就可以找一个也读"yùn"的字，进行谐音联想。比如：运（yùn）动后去坐船容易晕（yùn）船，或者孕（yùn）妇容易晕（yùn）船。

谐音法记忆易错字音

注意，从上面的示例词中你是否发现了，用谐音法的时候有一个小技巧：最好找名词或者动词的谐音，因为名词和动词更容易想象出图像。

另外，如果形声字的读音跟它声旁的读音不一样，也可以用谐音法辅助记忆。比如，"洁癖"的"癖"读"pǐ"，它的声旁"辟"是个多音字，可以读"pī、pì、bì"。那我们就可以用谐音法，联想记忆，一个地痞（pǐ）有洁癖（pǐ）。

（2）字形和字义的记忆

对于汉字的字形和字义，可以使用分解法结合图像联想法记忆。

例：记忆"赟"字，读"yūn"，是"美好"的意思。

拆分：上面左边一个"文"、右边一个"武"，下面一个"贝"（偏旁"贝"表示钱财，因为古人用贝壳当作钱币）。

联想：能文会武，还有钱（贝），太美好了！简直美晕（yūn）了！

三、词的记忆方法

由于词语是由单个汉字构成的，所以，所有记忆字的方法，都可以用来记忆词语。

因此，记忆词语的读音，可以结合声旁记忆或者用谐音法，记忆词语的写法和意思，可以用分解法和图像联想法。

例1：耄耋，mào dié，指年纪很大的人。

分解法 + 图像联想法记忆字形字义

拆分：老毛老至（至是"极、最"的意思）。

联想：耄——老到毛发都快掉完了，耋——老到了极点；所以"耄耋"指年纪很大的人。记住读音mào dié，可以进一步用谐音联想"帽叠"，有一个老人，毛发都掉了，所以把帽（mào）子叠（dié）在一起，戴在头上遮住。

例2：老媪，lǎo ǎo，指年老的妇女。

拆分：女 + 昷（昷，wēn，同温暖的"温"）。

联想：有一个老媪（ǎo），一个年老的妇女，穿着袄（ǎo）子，很温暖。

用图像联想法可以轻松记住字词的读音、写法和意思，熟练之后可以记得又快又准，几乎过目不忘。关键在于用生动的图像和有趣的联想，建立起牢固的回忆线索。

第2节　如何快速记忆中文知识点

一、中文知识点记忆原理

超级记忆法有两大心法，一个是图像+联想，一个是以熟记新。图像+联想就是用图像和联想的方式记住知识，以熟记新就是用自己熟悉的东西来记住新的知识。因为熟悉的东西就是长时记忆，而新知识通常是短时记忆。通过以熟记新的方式，就把短时记忆与长时记忆绑定在一起了，能通过长时记忆回忆起短时记忆。

中文知识点的快速记忆原理，就是提取出要记忆的中文知识点的关键信息，再用图像联想的方式快速记住。

对于中文知识点的记忆，有两大方法：配对联想法和串联记忆法。

二、配对联想法

当遇到短的知识点，尤其是一个题目对应一个答案的时候，就可以使用配对联想法。

配对联想法就是把两个东西两两配对，联想记忆，相当于给两个词造个句。

配对联想法的核心是：提取关键信息，转化成图像，并且在两者之间建立起联系。

配对联想法

运用配对联想法可以快速记住各类中文知识点。我们一起来看具体的示例。

例1：世界上最大的海是珊瑚海。

我们按照找名词、动词的原则去提取关键信息，即"最大的海"和"珊瑚"。

很容易想象出图像。可以联想：有一片一望无际的、蓝色的大海，海面上有一片巨大的、红色的珊瑚。

配对联想法直接出图

所以，下次一看到世界上最大的海，就能想到一片一望无际的蓝色大海上，有一片巨大的红色珊瑚，因此世界上最大的海就是珊瑚海。

上述示例相对比较容易想象出图像，我们可以直接想象出图。对于不容易想象出图像的，要怎么做呢？接着来看下一个例子。

例2：世界上第二高的山峰是乔戈里峰。

提取关键信息：乔戈里——谐音，巧克力。

联想：有两块巧克力在山峰上。

配对联想法转化出图

可见，针对这种难以直接想象出图的文字，可以用谐音法把它转化成熟悉的、容易出图的内容，再配对联想记忆。如果担心谐音法记忆不准确，还可以结合分解法联想：乔峰穿过戈壁滩来到乔戈里峰，吃了两块巧克力，打了一套降龙十八掌。

三、串联记忆法

当遇到比较长的知识点，尤其是一个题目对应多个答案的时候，我们可以使用串联记忆法。

串联记忆法就像是一串冰糖葫芦，把要记忆的多个信息串在一起来记忆。

串联记忆法的核心是：找出关键信息，编故事，建立起联系。

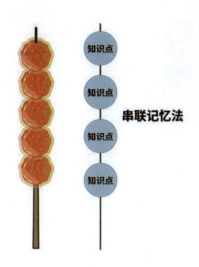

串联记忆法示例

串联记忆法又包括首字串联法和关键字串联法。

（1）首字串联法

首字串联法就是提取首字串联记忆。

例1：记忆初唐四杰——王勃、杨炯、卢照邻、骆宾王。

提取首字：王、杨、卢、骆。

串联记忆："王杨卢骆"就是初唐四杰的简称；也可以联想王勃在杨树下用炉火照亮骆宾王。

（2）关键字串联法

关键字串联法就是提取关键字串联记忆。关键字可以是首字，也可以是其他字。

例2：记忆莎士比亚的四大悲剧——《哈姆雷特》《奥赛罗》《李尔王》《麦克白》。

提取关键字：哈、罗、李、白。

串联记忆：莎士比亚跟李白打了个招呼，说"哈罗，李白！"李白没理他，莎士比亚很是悲伤。

哈罗，李白！

串联记忆法

所以，当别人问你莎士比亚的四大悲剧是什么时，你就可以根据"哈罗，李白"这四个字回忆出具体的四部作品。

如果担心对有的作品回忆出错的话，也可以对单个作品进行分解出图。比如，《奥赛罗》，可以联想"赛罗奥特曼"或者"华罗庚奥赛"的画面；《李尔王》可以联想李白的儿子当了王；《麦克白》可以联想到白色的麦克风。

注意，配对联想法和串联记忆法都可以结合谐音法一起使用。

第3节　如何记忆抽象的中文

一、抽象转化法

要想快速记住中文知识点，需要对要记忆的中文知识点提取关键信息，再用图像联想的方式快速记住。

但是，并不是所有的中文都能轻易想象出图像，比如在政治、哲学、法律等专业学科里会遇到很多抽象的信息。难以直接想象出图像的文字该怎么记呢？这时候就要用到抽象转化法了。

抽象转化法就是把抽象的信息转化成形象的、容易出图记忆的信息。

比如，"抽象"一词就很抽象，但是我们可以把它想象成"抽打大象"，想象出一幅抽象的"抽打大象"的画，这样就很容易想象出画面了。

具体来说，抽象转化法又包括谐音法、替代法、分解法和增减倒字法。

二、抽象转化法示例

（1）谐音法

谐音法就是利用相同或相近的读音联想记忆，把抽象信息转化成图像。

比如，前面记忆"世界上第二高的山峰是乔戈里峰"的例子。"乔戈里峰"比较抽象，我们就可以通过谐音法，把"乔戈里"转化成"巧克力"，就比较容易出图了。

不过，使用谐音法记忆的时候，由于转化成了不同的字的图像，因此一定要注意还原回去的准确性。

（2）替代法

替代法就是用相关的、具体的信息来代替抽象的信息，从而容易出图和记忆。

比如，用爱因斯坦来代替"聪明"，用手表或时钟来代替"时间"等。

（3）分解法

分解法就是根据抽象词的字面意思，把它分解开来，从而容易出图和记忆。

比如，要记忆"老挝的首都是万象"。"万象"就可以分解成"一万头大象"，"老挝（wō）"可以谐音成"老窝"。于是我们就可以联想，老窝里面居然有一万头大象！

（4）增减倒字法

增减倒字法就是通过增加字、减少字或者颠倒字的顺序，让出图和记忆变得更容易。

①增字

增加字，比如，"神奇"可以增加字变成"神奇宝贝""神奇女侠"，"信用"可以增加字变成"信用卡"，"道德"可以增加字变成"道德经"。

②减字

减少字，比如，"信仰"减少一个字变成"信"或者"仰"，联想到信里面写着信仰或者抬头仰望自己的信仰。

③颠倒字

颠倒字，比如，"算计"可以转化成"计算"，"道德"可以转化成"得到"。

三、综合使用抽象转化法

当然，也可以综合使用上述方法。

例如，记忆"新西兰的首都是惠灵顿"。"新西兰"可以用增字的方法，想到"新鲜的西兰花"；"惠灵顿"可以用替代法联想到"惠灵顿牛排"。那我们就可以出图联想：新鲜的西兰花配惠灵顿牛排，好吃又营养。

如果没听过惠灵顿牛排也没有关系，记忆法是非常灵活的，还可以用分解法，"惠—灵—顿"想到"优惠—灵感—顿悟"。于是就可以联想：新鲜的西兰花，不仅优惠，吃了还会有灵感顿悟，所以新西兰的首都就是惠灵顿。

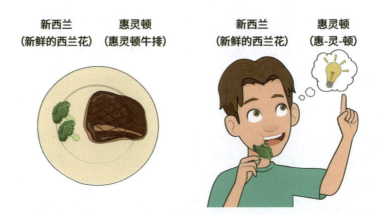

综合运用抽象转化法

经过一定时间的练习，就能熟练掌握以上几种方法。但是，大家一定要注意，我们是为了理解知识、更好地记住知识才用抽象转化法去转化出图，出图最好是建立在理解的基础上。如果能基于文字本身的意思想象出图像，就不要用谐音的方法转化，因为这样会曲解意思，并且还原回去的时候也会多花时间，希望你能够明白并避免这一点。

第 4 节　如何快速记忆古诗

一、中国古诗的特点和记忆原理

我们要记忆的大部分古诗都是近体诗，中国的近体诗有两大特点。

第一个特点是对仗工整。因为古诗大都比较押韵，读起来朗朗上口。

第二个特点是有景有物。大部分古诗的内容都是有景有物的，基于作者的所见所想，即使是诗人抒发自己的各种情感，也大多是建立在看到或者想到的人和事物上的，这也是常用的写作手法：借景抒情、托物言志。

从这个角度来说，一首诗不是平白无故写出来的，一定是因为诗人看到了某些事物或者经历了某些事情，有感而发的。所以，你会发现，古诗中大多都有景有物、容易出图，非常适合用图像法去记忆！

因此，快速记忆古诗的原理，就是把古诗转化成图像，再用图像联想法快速记住。

那怎样记住一首古诗呢？我们来学习具体的方法和步骤。

二、古诗记忆方法与步骤

古诗的记忆方法有很多，比如图像联想法、绘图记忆法和思维导图法，但不管用哪种方法，都最好先理解古诗，根据古诗的意思逐句转化成画面，再联想记忆。想象的图像要尽量清晰，要有一定的空间顺序。

想要记牢一首古诗，通常来说有以下三个步骤。

第 1 步，通读整首古诗，理解全诗意思。

首先，要理解重点字词的意思，明确古诗中出现的所有字词的读音和意思，进而理解整首诗的意思。包括古诗标题的意思和每句诗的意思，以及诗人想表达的情感。

第 2 步，联想出图（或进一步绘制简图）。

接着，根据自己对诗词意思的理解，在大脑中想象出相应的画面或者场景，用图像联想法记住全诗。这一步是决定记忆效果的关键环节，通常需要注意以下三点。

（1）**顺序原则**：诗句是有顺序的，对应想象的画面也是有顺序的。

（2）**连接原则**：相邻诗句间不要距离太远，不要跳画面，否则容易中断或遗忘。

（3）**简图原则**：可以把脑海中想象的画面画出来，进一步加深印象。

注意，图不必画得有多好看，自己看得懂、记得住就行。

第 3 步，重复记忆，回忆测试。

最后，根据图像重复记忆这首诗。可以读出声来，嘴巴一边读，脑袋一边想画面。熟练之后，闭上眼睛回忆背诵整首诗。

回忆的环节非常重要，可以确保背诵效果。对于回忆比较慢或者想不起来的地方，一定要分析原因，重新联想出图，直到记熟。

三、绘图记忆法记忆古诗

1. 绘图记忆法

绘图记忆法，是将要记忆的信息转化成图像，并按照一定的顺序绘制在纸上。

其实，绘图记忆法就是把用图像联想法在脑海中想象的画面绘成简图。

对于初学图像记忆法的各位读者，强烈建议大家把脑海中想象的图像画出来。因为绘图记忆法非常锻炼我们的想象力和创造力，可激发我们主动思考，虽然会多花一些时间，但是记忆会更深刻。等熟练使用图像记忆法、出图更清晰之后，就不用再画图了。

2. 绘图记忆法记忆古诗示例

我们可以使用绘图记忆法快速记住古诗，把脑海中想象的画面画出来。

《舟过安仁》

[宋] 杨万里

一叶渔船两小童，

收篙停棹坐船中。

怪生无雨都张伞，

不是遮头是使风。

第1步：通读整首古诗，理解全诗意思。

先把古诗读一遍，弄懂重点字词及全诗的意思。

这首诗的重点字词如下。

（1）安仁：县名。在湖南省东南部，宋时设县。

（2）篙gāo：撑船用的竹竿或木杆。

（3）棹zhào：船桨。

（4）怪生：怪不得。

对于古诗中的生字词，可以用本章第1节介绍的谐音法、分解法去记忆。

比如"篙"，指撑船用的竹竿；撑船用的竹竿竖起来很高，而且是竹子做的，因此就是一个竹字头"⺮"加一个"高"字。

比如"棹"，指船桨。写法是"木"加"卓"，联想只有卓越的木头才能当船桨，因为船桨要坚固。"棹"谐音"照"，联想船桨被打湿后需要太阳照一照（zhào）。

理解重点字词后就很容易理解全诗的意思。全诗的大致意思是：船经过了安仁这个地方。一只渔船上有两个小孩子，收起竹竿、停下船桨坐在船中。怪不得没有雨他们却都张开了伞，原来不是为了遮住头，而是把伞当帆，利用风让船前进。

第2步：联想出图（或进一步绘制简图）。

我们可以根据诗句的意思逐句想象出图，想象的画面尽量清晰，且要有一定的空间顺序（如顺时针、逆时针），相邻诗句不要距离太远，还可以画简图加深印象。

标题：舟过安仁。可以想象一条船经过了安仁这个地方。人的眼睛是从左到右、从上往下看的，所以可以画在左上方。

诗人朝代：宋代杨万里。可以想象船送着诗人扬帆起航行走了一万里。"送"谐音"宋"，扬帆起航一万里，对应"杨万里"。

第一句：一叶渔船两小童。可以想象一只渔船上有两个小孩子。

第二句：收篙停棹坐船中。可以想象两个小孩子收起竹竿停下船桨，坐在船中。

第三句：怪生无雨都张伞。可以想象诗人觉得奇怪，为什么没有雨两个小孩子都打开了伞。画图的时候可以画一个问号，画出联想框里面有雨和一个红叉，以及两个小孩子打开了伞。

第四句：不是遮头是使风。可以想象诗人的心理活动——哦，原来不是为了遮住头，而是为了使风吹着伞让船前进。在作图时画出伞遮头和一个红叉，以及画出风吹着伞的画面。

用绘图记忆法把脑海中的画面画成简图，具体的图像如下图所示。

绘图记忆法记忆古诗

第3步：重复记忆，回忆测试。

基于图像重复记忆古诗后，就可以进行回忆测试了。

请根据自己想象的图像或者画出的简图，默写出《舟过安仁》这首诗。

《舟过安仁》
[宋]杨万里

1.＿＿＿＿＿＿＿＿＿＿＿＿＿＿＿＿＿

2.＿＿＿＿＿＿＿＿＿＿＿＿＿＿＿＿＿

3.＿＿＿＿＿＿＿＿＿＿＿＿＿＿＿＿＿

4.＿＿＿＿＿＿＿＿＿＿＿＿＿＿＿＿＿

对于回忆比较慢或想不起来的地方，一定要分析原因，重新联想出图，直到记熟。

第 5 节　如何快速记忆文章

一、文章记忆原理

文章记忆的原理，就是把文章转化成图像，并用图像联想法快速记住。

二、文章记忆方法与步骤

1. 文章记忆方法

文章的记忆方法有很多，比如图像联想法、绘图记忆法、思维导图法和记忆宫殿法。由于文章比较长，所以还可以使用记忆宫殿法记忆文章（后面会讲记忆宫殿法）。

文章记忆方法

2. 文章记忆步骤

跟古诗的记忆一样，文章的记忆也需要先理解文章，根据文章的意思逐句转化成画面，再联想记忆。想象的图像要尽量清晰，要有一定的空间顺序。整体上还是可以用超级记忆万能公式来记忆。

想要记牢一篇文章，通常来说有以下四步。

第 1 步：通读文章，理解重点字词。

首先，把整篇文章读一遍。在这一步，要明确文章中所有生字词的读音和意思。

第 2 步：理解全文意思，理清文章结构。

然后，要理解整篇文章的意思，理清结构，进行分层。

在这一步，基于前面对字词的理解，要理解整篇文章并理清文章的结构，明白这篇文章可以分几层，每层之间的逻辑关系是什么。比如文章可以按照"总分总""总分"等结构划分层次；也可以按照时间顺序、空间顺序或逻辑关系划分层次。

划分层次有助于我们化长为短，降低单个部分的记忆量。

第 3 步：联想出图（或进一步绘制简图）。

接着，要在大脑里面想象图像，用图像联想的方式记住整篇文章的内容。

在这一步，根据文章的意思和逻辑结构，提取关键信息，在大脑中想象相应的画面，还可以把想象的图像画成简图。

和古诗记忆一样，这一步至关重要，通常需要注意三点。

（1）顺序原则：文章是有顺序的，对应想象的画面也是有顺序的。

（2）连接原则：相邻句子间不要距离太远，不要跳画面，否则容易中断或遗忘。

（3）简图原则：可以把脑海中想象的画面画成简图，进一步加深印象。

同样，图不用画得好看，自己看得懂、记得住就行。

由于文章比古诗更长，人的短时记忆数量有限，背诵大段的文章很容易中途卡壳，所以要在关键地方建立起联系，要有更强的整体出图规划能力和连接能力。

总之，对于文章的记忆，要按顺序逐句出图，图像要尽量清晰；要根据意思和逻辑结构去设置一定的空间顺序，最好要有连接。

第 4 步：重复记忆，回忆测试。

最后，根据图像重复记忆这篇文章，熟练之后，可以进行回忆练习。

在这一步，重复记忆文章时可以读出声来，头脑中一定要想象画面；熟悉之后，闭上眼睛回忆整篇文章，对回忆不起来或者背诵慢的地方重新出图联想，直到记熟。

注意，回忆环节非常重要，可以确保背诵效果。对于回忆比较慢或者想不起来的地方，一定要分析原因，重新出图联想，直到记熟。

由于文章比较长，记忆难度更大，所以对于重要的文章还应采用间隔重复法进行复习，把短时记忆转化成长时记忆。

三、绘图法记忆文章示例

我们可以使用绘图法快速记住文章。比如，记忆席慕蓉的《一棵开花的树》。

《一棵开花的树》

席慕蓉

如何让你遇见我

在我最美丽的时刻

为这

我已在佛前求了五百年

求佛让我们结一段尘缘

佛于是把我化作一棵树

长在你必经的路旁//

阳光下

慎重地开满了花

朵朵都是我前世的盼望

当你走近，请你细听

那颤抖的叶，是我等待的热情//

而当你终于无视地走过

在你身后落了一地的

朋友啊，那不是花瓣

是我凋零的心//

第1步：通读文章，理解重点字词。

这篇文章的重点字词不多，"尘缘"是指尘世的姻缘。

第2步：理解全文意思，理清文章结构。

这篇文章比较容易理解，根据内容可以很自然地划分成三个部分。

第一个部分，从"如何让你遇见我"到"长在你必经的路旁"，这讲的是主人公对爱的渴求。

第二个部分，从"阳光下"到"是我等待的热情"，这讲的是爱的等待，等待着对方的到来。

第三个部分，从"而当你终于无视地走过"到"是我凋零的心"，这讲的是爱的凋零，因为对方无视地走过，所以很心碎。

第3步：联想出图（或进一步绘制简图）。

根据理解，可以提取关键信息，然后按顺序逐句出图，要根据意思和逻辑结构去设置一定的空间顺序，最好有连接。

其中，用于提醒出图的关键词已经用红色字体在诗中标出了。

标题是《一棵开花的树》，可以想象一棵开了花的树，作者席慕蓉，如果不记得的话，可以想象树下有一个凉席。

第一部分，从"如何让你遇见我"到"长在你必经的路旁"，直接根据意思按从左到右的顺序逐句出图，关键内容可以放大。其中灰尘中的一个红心可代表"尘缘"。

第二部分，从"阳光下"到"是我等待的热情"，可以发现，第二部分是从右往左出图的，整体按照顺时针的方向，把图变成了一个整体。

另外，不同部分之间一定要有连接，避免回想中断。比如第一部分的最后一句是"长在你必经的路旁"，可以直接想象，路的上方就有一个太阳，阳光照在树上。

第三部分，从"而当你终于无视地走过"到"是我凋零的心"，等待着对方的到来，结果对方无视地走过，花瓣凋零了，更像爱的凋零。从右往左继续想象出图即可。

整体的参考记忆图如下所示。

《一棵开花的树》记忆图

虽然古诗记忆和文章记忆都给出了记忆简图，但是这并不意味着记忆这些信息都需要画图。当你对出图和联想更熟练后，完全可以直接在大脑中想象图像。所以，绘图不是必需的，本书中给出图像是为了让大家更好地用图像辅助记忆而已。

第4步：重复记忆，回忆测试。

最后，根据图像重复记忆这篇文章，熟练之后，可以进行回忆练习。

对于回忆不起来的地方，可以进行精细化的加工，重复图像或者重新出图。

四、文章记忆注意事项

文章记忆有以下几个注意事项：

1. 一定要理清文章结构，进行分层。

2. 可以结合结构分层，也可以结合逻辑顺序分层。

3. 一定要想象图像。

4. 一定要提取关键信息，根据关键信息出图。

5. 优先想象文字本身的意思的图像，还可以结合本身意思的图像和转化后的图像。

6. 一定要复习和回忆（间隔重复法）。

第6节 如何高效读书——"问—取—忆"三步高效阅读法

很多人都有过这样的经历：看完一本书，合上书却想不起来多少内容；看完一篇文章，很难马上复述出其中的要点内容。

为什么会有这样的情况呢？其实，人脑的短时记忆容量是有限的，不经过刻意训练，短时记忆能力本来就一般，更不用说随着时间的推移，记忆还会衰退。如果当下都没有记住，过一段时间后肯定会遗忘更多。

怎样能快速记住阅读过的内容呢？需要让大脑养成阅读时高效记忆的习惯。

只要书籍存在，就有人读书。只要是有人做的事情，长期下来一定会有总结出来的方法，甚至会形成方法论。我通过自己的思考和实践，也形成了自己的一套读书方法论，即"问—取—忆"三步法。相信你认真实践后，会对记忆有极大的帮助。

我的读书方法分为三步，非常简单，就三个字：问—取—忆。

1. 第一步：问。

"问"包括两方面，一个是问定义，另一个是带着问题去读书。

问定义，就是问自己，这个东西是什么？"问"就是思考的过程，是去理解的过程。当看到一本书的书名时，看到一篇文章的标题时，看到一个重点名词或概念时，我们都要去思考，这个是什么？

看到书名时，要问自己这本书是讲什么的；看到一篇文章的标题时，要问自己这篇文章要讲什么；看到一个重点名词或概念时，要问自己这个概念是什么意思。有问就有答，其实问定义，就是让自己回答该问题，理解其最基础的意思。比如要看的书是《记忆之道》，一看书名，我们就大概知道，这本书是讲记忆方法的，那记忆的方法是什么，带着这样的问题去阅读。

当然，在"问定义"去理解的过程中，也可以根据其字面意思去猜。猜错不要紧，因为当你发现自己错了之后，会纠正自己，记忆会更深刻。

"问"的第二个方面，就是带着问题去思考，可以在阅读之前就带着问题，也可以在阅读中看了新的内容带着新的问题去阅读。

在弄清了基础意思或定义之后，我们就要养成时刻提问的习惯，问了"what"之后，还要问"how"和"why"。

比如我们看到《记忆之道》这本书，知道其大概是讲高效记忆方法的，知道了方法之后，要怎么做呢？为什么要这样做呢？带着这样的思考去阅读，更容易理解和记忆。这也符合"学习金字塔"理论，主动式学习比被动式学习的效果好很多。

2. 第二步：取。

取就是提取关键信息。把文章中的关键信息、重点信息抓出来，把握要点。

如果把一本书比作一条龙的话，"取"的过程就是捏住龙的脊柱、抓住龙骨头的过程。一本书可能很厚，一篇文章、一个段落也可能很长，有很多字，我们要提取这本书、这篇文章、这个段落的关键信息、重点信息。具体怎么操作呢？

当你看一本书的时候，可以看书的简介和目录，尤其是目录可以帮你快速把握这本书的整体结构。当你看一篇文章的时候，就看大标题、小标题、中心句和关键词。

提取关键信息非常重要，一定要培养这样的习惯，锻炼这样的能力。

怎样锻炼自己提取关键信息的能力呢？

一方面，可以按照大小标题、中心句和关键词来提取。

通常一篇文章有大标题，在正文部分又会有一些小标题，这些就是关键信息。很多段落的开头句就是中心句，找到中心句就能把握住这一段的关键。还有的书或者文章会把重点信息或者重点的词语用粗体标出来，这也是关键信息。

另一方面，可以利用逻辑关系词来判断。逻辑关系有很多细分种类，我们要掌握最常见的这几种。

（1）顺序关系。一看到"一、二、三、四、五、六、七、八、九"等数词，"第一、第二、第三、第四"等序数词，就要高度注意，后面接的大多是重点信息。还有"首先""其次""然后""最后"等描述过程的词语，也要引起注意，这些都是顺序逻辑关键词。

（2）因果关系。一看到"因为""所以""因此""因而""故""出于""难怪"等表示因果关系的逻辑词，就要高度注意。

（3）转折关系。一看到"虽然""但是""但""尽管""可是""固然""然而""却"等表示转折关系的逻辑词时也要高度注意。

（4）褒贬判断和定义判断。除了顺序、因果、转折这三类逻辑关系外，一看到"最""好""坏""重要""是""就是"等词语也要高度注意。

我们要对这几类词很敏感，做到一看到就自然而然地去分析和思考，进而提取关键信息，然后结合图像联想法去高效记住关键信息。

3. 第三步：忆。

"忆"就是回忆，这一步非常非常重要。很多人花了很久看完一本书或者读完一篇文章之后，让他讲讲这本书讲了什么，这篇文章讲了什么，一回想，记住的内容很少。

看完回忆不起来，说明第一步的"问"和第二步的"取"没有做好。如果只是走马观花似的看书，没有带着问题去阅读、去思考，效果自然欠佳，因为这是被动式的阅读，没有主动式阅读的效果好。另外，也可能是看书时理解和吸收部分出了问题，没有建立起回忆线索，看完之后当然没有多少印象。可以用图像联想法记忆。

超级记忆万能公式的第四个步骤就是"回忆"。学完或记完一个内容是很容易忘记的，所以要及时回忆、复习和检验。什么时候回忆和复习显得尤为重要，我们不能等到读完一本书之后再去回忆，那样大量内容都已经忘记了。边看就要边回忆、边思考边总结。

"忆"有三个部分，分别是部分回忆、整体回忆和重复回忆。

（1）部分回忆

部分回忆是指，看完一部分，就可以回忆了。比如看完一本书的几页、看完一篇文章的几个段落，就可以进行回忆式的思考和总结。读书不要一味地往前冲、往前加速看，需要时不时地停下来思考一下，总结一下前面阅读过的内容，总结完还可以回头看看文中是不是跟总结的一样，及时进行纠正。

（2）整体回忆

整体回忆是指，看完这篇文章或一本书之后，把文章或书的整体框架和重点内容回忆一遍，并进行思考和总结。这个难度比部分回忆的难度要大，因为要回忆的内容更多，对记忆的挑战更大。但是只要经过这种思维训练并且用图像记忆法，就会很轻松。

（3）重复回忆

重复回忆是指，不管是部分回忆还是整体回忆，都要进行多次回忆提取。回忆完之后，要对照内容进行检查，看看自己回忆得对不对，有哪些信息在回忆的时候被漏掉了。先分析理解，找到逻辑关系，再强化记忆，或使用记忆技巧去快速记忆。

以上就是我的高效阅读三步法：问—取—忆，相信你认真看完并实践后，会感受到它的威力。

看懂是不够的，听懂也是不够的，只有你回忆得起来的东西，才是你自己的。所以，尽快养成"问—取—忆"的习惯吧。

第3章 英文超级记忆法

单词记不住，记了又忘怎么办？
本章讲解单词记忆原理、六种高效记单词的方法及英文搭配、
语法、文章的记忆方法，让你记英文不再烦恼。

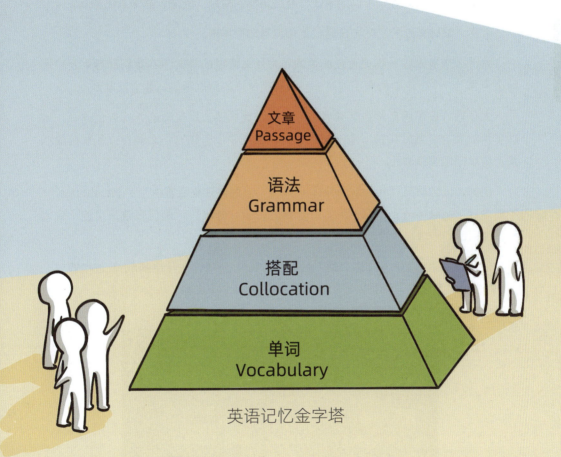

英语记忆金字塔

第1节 "拆—图—联"三步法，快速记忆任何单词

一、单词超级记忆原理

很多人都觉得记英语单词很困难，比如单词多、单词长、单词难，记不住，容易忘！有时候背了后面忘了前面，复习了前面又忘了后面，令人头大。除此之外，机械重复式地死记硬背，不仅效率低，而且还特别枯燥、乏味，越来越不想背。

其实，掌握高效的记忆方法后，记单词可以很神速。

为什么很多人容易忘记背过的单词？为什么背过的单词下次看到却想不起来是什么意思？一个很重要的原因就是——没有把单词的意思跟拼写建立起联系。

大多数人会使用自然拼读或者音标，通过反复读、反复写的方式去记单词，虽然单词的读音、意思和拼写是一起记忆的，但是并没有在它们之间建立起紧密的联系，导致记忆效率很低。

比如，记忆单词"grasshopper，n.蚱蜢"。如果只是看着拼写"grasshopper"不断地读"ˈɡræshɑːpər，蚱蜢""ˈɡræshɑːpər，蚱蜢"，那记忆效果可能不会太好，过段时间就容易忘记。

但是，如果你知道hop是"跳"的意思（hiphop嘻哈文化中的hip就是指臀部，hop就是跳的意思），就可以出图联想：草地（grass）上跳（hop）的东西（双写辅音字母p再加er），就是蚱蜢grasshopper。

grasshopper 的记忆图

　　像这样，建立起单词拼写与意思之间的联系，印象就会更深刻，一看到拼写就能马上想起意思。下次一看到grasshopper，就能轻松想起草地上跳着的蚂蚱。所以，一定要想办法建立起单词拼写与意思之间的联系，联系越紧密，记忆就越牢固。

　　超级记忆法的原理是图像+联想，单词超级记忆原理也是如此：通过一定的方式，把单词的记忆转化成图像，利用图像联想法，建立起单词的读音、拼写和意思之间的联系，快速记住单词。

二、"拆—图—联"三步法记单词

　　记单词一定要建立起单词拼写和单词意思之间的联系。单词是由字母组成的，一个单词的整串字母拼写可能不太容易想象出图，所以需要对单词的拼写进行拆分，拆分后就容易转化成图像了，再与单词的意思进行联想记忆。

　　具体要怎样做呢？我们可以通过"拆—图—联"三步法来记忆单词。

1. "拆—图—联"记单词

　　第一步：拆分。把长单词拆分成几个短的部分。

　　第二步：出图。对拆分的每个部分和单词意思，在大脑中想象出生动的图像。

　　第三步：联想。把拆分的每个部分的图像和单词的意思的图像联想到一起，编成一个生动有趣的故事。

2. "拆—图—联"记单词示例

　　比如，我们要记忆"eggplant，n.茄子"这个单词。

例：eggplant /ˈegplænt/ n.茄子

　　第一步，拆分

　　egg是"n.鸡蛋"的意思，plant是"n.植物"的意思。

　　第二步，出图

　　可以想象出一个椭圆形的鸡蛋、一株绿色的植物，以及紫色的茄子。

　　第三步，联想

　　最后，把"egg，鸡蛋""plant，植物"和"eggplant，茄子"建立起联系。可以联想：长得像鸡蛋egg一样的植物plant，就是茄子eggplant。因为鸡蛋和茄子的底部都很圆，很光滑。其实确实有长得像鸡蛋的茄子，比如白蛋茄（white eggplant）。

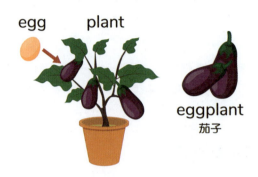

"拆—图—联"三步法记单词

通过这样的方式联想，我们就可以把eggplant的拼写和意思建立联系，记忆就会很牢固。如果拆分后的部分也不认识，可以继续拆分。比如，如果不认识plant，可以拆分成"pl"和"ant"，植物上有一只漂亮（pl）的蚂蚁（ant），或者拆分成"plan"和"t"，计划（plan）和他（t）一起去看看植物。

三、单词拆分精讲

基于"拆—图—联"三步法，我们可以把单词的拼写拆分开来，转化成图像，然后跟意思进行联想，快速记下来。这种方法可以把单词化长为短，化繁为简。

可以看出，"拆—图—联"三步法中的"拆分"是很关键的一步，刚刚的示例单词eggplant是由两个完整单词组成的，对于其他非特殊的单词，能不能恰当地拆分呢？

先明确地告诉大家，每个单词都可以进行拆分，我们可以通过四种方式来拆分：找单词、找拼音、找编码、找词根词缀。

1. 找单词拆分

记忆新单词的时候，找一找里面有没有自己认识的、熟悉的单词。

layman /ˈleɪmən/ n.外行；门外汉

拆分：lay——v.躺（lie的过去式）；man——n.人；男人

联想：躺lay在门外进不来的人man，就是门外汉layman。

找单词拆分

2. 找拼音拆分

记忆新单词的时候，找一找里面有没有自己认识的、熟悉的拼音。

bandage /'bændɪdʒ/ n.绷带

拆分：ban——拼音，"绊"；dage——拼音，"大哥"

联想：绷带bandage绊ban倒了大da哥ge。

找拼音拆分

3. 找编码拆分

什么是编码呢？在记忆英语单词的过程中，通过一定的方式，把英文字母或字母组合转化成图像，这些图像就叫作编码。

找编码是指，记忆新单词的时候，找一找里面有没有自己认识的、熟悉的编码。

coffer /'kɔːfər/ n.保险箱

拆分：c——象形，形状像镰刀；offer——v.提供 n.报价

联想：把镰刀c提供offer出来，去砸开保险箱coffer。

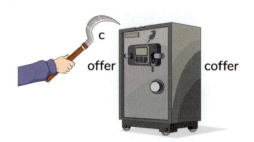

找编码拆分

4. 找词根词缀拆分

记忆新单词的时候，找一找里面有没有自己认识的、熟悉的词根词缀。

例：progress /ˈprɑːgres/ n.&v.进步；进展

拆分：pro——前缀，表示"向前"；gress——词根，表示"走"

联想：向前pro走gress，就是进步progress。

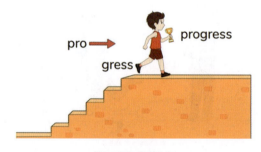

找词根词缀拆分

通过这四个单词记忆示例，我们初步了解了单词的四种拆分方式：找单词、找拼音、找编码和找词根词缀。现在，就让我们系统地学习单词拆分步骤，打好基础，训练好之后，可以对任何单词进行快速拆分，并出图联想快速记住。

第2节 熟悉单词法（找单词）

一、熟悉单词法简介

熟悉单词法，就是用自己熟悉的单词去记忆新单词。

超级记忆法除了"图像联想"的原则之外，还有一个"以熟记新"的原则，就是用自己熟悉的知识去帮助记忆不熟的、新的知识。原因在于，熟悉的知识属于长时记忆，刚记忆的新的知识仅仅是短时记忆，用熟悉的知识去记忆新知识，就相当于把短时记忆跟长时记忆建立起联系，这样就可以通过熟悉的知识（长时记忆）帮助回想起不熟的知识（短时记忆）。

具体运用在单词记忆上，就是"拆—图—联"三步，在拆分的时候找一找单词里面有没有自己熟悉的单词。

注意，使用熟悉单词法的时候，可以找完整单词，也可以找近似的单词。

二、找熟悉的完整单词

熟悉单词法，可以找熟悉的完整单词进行拆分。

例：raincoat /'reɪnkoʊt/ n.雨衣

拆分：rain——n.雨；coat——n.外套

联想：在雨rain中穿的外套coat，就是雨衣raincoat。

熟悉单词法（找完整单词）

通常，很多合成词都可以用这样的方式记忆，比如"doorbell，n.门铃""raindrop，n.雨滴""blackboard，n.黑板""bookmark，n.书签""sunrise，n.日出""daybreak，n.黎明；破晓"等。用这种方式，很容易联想记住。我们现在来看更多的例子。

1. seafood /'siːfuːd / n.海鲜

拆分：sea——n.海；food——n.食物

联想：海sea里的食物food，就是海鲜seafood。

2. seaweed /ˈsiːwiːd/ n.海草；海藻

拆分：sea——n.海；weed——n.野草；水草

联想：海sea里的水草weed，就是海草、海藻seaweed。

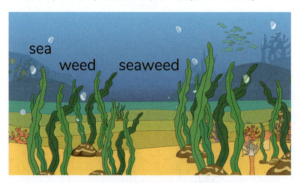

3. rainbow /ˈreɪnbəʊ/ n.彩虹

拆分：rain——n.雨；bow——n.弓 v.鞠躬

联想：下雨rain过后，天空中出现像弓bow一样的东西就是彩虹rainbow。

4. handsome /ˈhænsəm/ a.英俊的；帅气的

拆分：hand——n.手；some——det.一些

联想：这个男人手hand里有一些some钱，长得还很英俊handsome。

聪明的你可能已经发现，实际上，把单词的拼写拆分开来之后，把拆分的部分和单词的意思串联起来记忆，这跟中文记忆里讲过的串联记忆法并无本质区别。

当然，并不是所有的单词都组合得这么好，都可以拆分成完整的单词。有时候，拆分的部分可能只是接近某个完整单词，所以我们还可以找熟悉的近似单词进行拆分。

三、找熟悉的近似单词

熟悉单词法，也可以找熟悉的近似单词进行拆分。

例：compass /ˈkʌmpəs/ n.罗盘；指南针

拆分：com——近似come，来；pass——v.通过

联想：里面地形复杂，来com(e)的人需要用指南针compass才能通过pass。

熟悉单词法（找近似单词）

找近似单词拆分记忆的时候，一定要注意与近似单词和完整单词的差异部分，避免出错。通常来说，通过机械记忆或结合读音来进行区分，基本不会出错；另外，如果担心记忆不准确，还可以用后面讲的编码法进行区分记忆。

我们现在来看更多的示例。

1. shred /ʃred/ v.撕碎 n.碎片

拆分：sh——形似she，她；red——a.红色的

联想：她sh(e)把红色的red纸撕碎shred了，撕成了碎片shred。

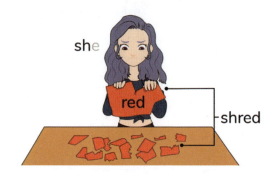

2. napkin /ˈnæpkɪn/ n.餐巾；餐巾纸

拆分：nap——n.小睡；kin——形似king，国王

联想：快给小睡nap的国王kin(g)用餐巾纸napkin擦口水。

3. marble /ˈmɑːrbl/ n.大理石

拆分：mar——形似mark，标记；ble——形似table，桌子

联想：标记mar(k)一下这张桌子(ta)ble，它是大理石marble做的。

4. meadow /ˈmedoʊ/ n.草地；牧场

拆分：mea--形似meat，肉；dow--联想到window，窗户

联想：把肉mea(t)丢在窗(win)dow外的草地meadow上。

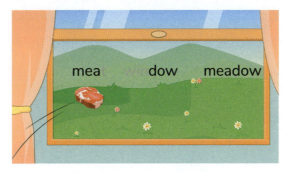

可以看到，熟悉的近似单词可以出现在单词的开头（如shred），也可以出现在单词的结尾（如napkin），还可以由两个近似单词组成（如marble和meadow）。

用熟悉单词法记单词是非常灵活的，一定要善于观察，经过一段时间训练后，拆分和联想的能力就会变强。

另外，熟悉单词法是建立在找熟悉的完整单词或近似单词上的，所以词汇量越大，认识的熟悉单词越多，就越容易发现新单词中"藏"着的熟悉单词。也就是说，你记的单词越多，记单词的速度就越快。

第3节　拼音法（找拼音）

一、拼音法

拼音法，就是用自己熟悉的拼音去记忆新单词。具体来说，运用"拆—图—联"

三步法，在拆分的时候找一找单词里面有没有自己熟悉的拼音。

很多人觉得用汉语拼音去记忆英语单词是中式思维，是不可取的，但其实未必不可。如果了解语言的历史，你就会知道，英语字母和汉语拼音字母都参考了拉丁字母。英语和拉丁语都属于印欧语系，英文字母是由拉丁字母演变过来的，而现代汉语拼音其实是汉字注音的拉丁化方案，是1949年中华人民共和国成立后开始着手研制，1958年批准后实施的，至今不到100年。在现代汉语拼音之前，汉字的注音用直音、反切等方法非常不方便，借鉴拉丁语形成现代汉语拼音之后，学习难度一下子就小了很多。

正因为上述原因，我们今天才会看到，汉语拼音中的26个字母和英语中的26个字母的写法非常接近，除了字母"v"写法不一样，其余基本一致。所以我们完全可以用熟悉的汉语拼音来帮助记忆英语单词，用熟悉的拼音进行拆分。

注意：运用拼音法的时候，可以找完整拼音，也可以找近似拼音或拼音首字母。

二、找完整拼音

拼音法，可以找熟悉的完整拼音进行拆分。

例：wage /weɪdʒ/ n.工资

拆分：wa——"哇"；ge——"哥"

联想：哇wa，哥哥ge的工资wage好高啊！

拼音法（找完整拼音）

因为汉字的数量很多，对应的拼音也很多，所以有时候用拼音来帮助记忆单词会更快、更简单。我们现在来看更多的例子。

1. cheer /tʃɪr/ v.欢呼；喝彩

拆分：che——"车"；er——"儿"

联想：坐在新买的车che儿er里面欢呼cheer起来。

2. pile /paɪl/ n.堆；大量 v.堆放

拆分：pi——"劈"；le——"了"

联想：劈pi了le一堆pile木柴堆放pile在一起。

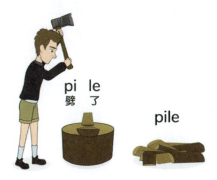

3. linger /ˈlɪŋgər/ v.逗留；徘徊

拆分：ling——"铃"；er——"儿"

联想：在商店里看到一个精美的铃ling儿er，逗留linger了好久。

4. bishop /ˈbɪʃəp/ n.主教

拆分：bi——拼音，"笔"；shop—— n.商店

联想：主教bishop拥有一个卖笔bi的商店shop。

可以看到，用拼音法进行拆分，有些单词的记忆一下子就会变得很简单，而且很容易出图，也极其容易地就能准确回忆起单词的拼写和意思。

当然，用拼音法记忆单词的时候，也不要忘了根据音标去正确地记忆单词的发音。不要因为用拼音法记得快就影响了单词的正确读音，比如linger不读"铃儿"，而读"ˈlɪŋɡər"。

另外，记单词的记忆法是非常灵活的，同一个单词可以有不同的拆分和记忆方式。

比如"bandage，n.绷带"，也可以用熟悉单词法进行拆分，band是乐队的意思，age是年龄的意思。可以联想：乐队band里上了年龄age的人，一摔跤就要绑绷带bandage。

再比如"linger，v.逗留；徘徊"，也可以根据单词"longer，a.长的"来对比记忆，linger其实利用了格林定律元音互换，把字母o换成了字母i。

总之，当一个单词有多种拆分记忆方法时，你认为哪个方法好记就选择哪个方法。

另一方面，上述的单词都是用完整拼音进行拆分的，但并不是所有的单词都可以拆分成完整的拼音。有时候，拆分的部分可能只是接近某个完整的拼音，所以我们还可以找熟悉的近似拼音或拼音首字母进行拆分。

三、找近似拼音或拼音首字母

拼音法，也可以找熟悉的近似拼音或拼音首字母。

例：blind /blaɪnd/ a.失明的；瞎的

拆分：bl——"玻璃"的拼音首字母；in——adv.进入；d——"弟"

联想：玻璃bl进入in弟弟d的眼睛，弟弟就失明blind了。

拼音法（找近似拼音或拼音首字母）

找近似拼音或者拼音首字母拆分记忆的时候，需要记住拆分后的部分与原来的完整拼音不一样的地方，并结合发音去记忆。一定要非常清楚哪里是全部拼音，哪里是近似拼音或拼音首字母，进行强化记忆，避免出错。我们现在来看更多的示例。

1. gut /gʌt/ n.肠胃；肠道

拆分：gu——"骨"；t——"头"的拼音首字母

联想：将骨gu头t吃进肠胃gut里就不好消化了。

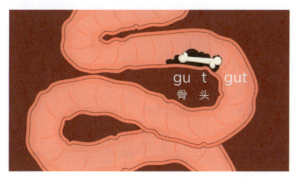

2. aisle /aɪl/ n.走廊；过道

拆分：ai——"爱"；s——"死"的拼音首字母；le——"了"

联想：我真的爱ai死s了le这个过道aisle。

3. boil /bɔɪl/ v.煮沸

拆分：b——"不/把"；oil——n.油

联想：把b油oil煮沸boil；或者不b要把油oil煮沸boil。

4. siesta /sɪ'estə/ n.午睡

拆分：si——"四"；es——"饿死"的拼音首字母；ta——"他"

联想：午睡siesta睡了四si个小时，饿死es他ta了。

可以看到，在没有完整拼音的情况下，也可以灵活地找近似拼音或拼音首字母。可以找近似拼音（如gut），也可以找完整拼音结合拼音首字母（如siesta）。

除此之外，拼音法也可以结合前面的熟悉单词法一起使用，比如boil（拼音首字母b+熟悉单词oil）和bishop（完整拼音bi+熟悉单词shop）。

总之，运用拼音法进行拆分的时候，可以找完整拼音，可以找近似拼音，也可以找拼音首字母，熟悉方法之后，经过一段时间训练，用拼音去拆分和联想的能力就会变得更强。

当然，用拼音法记单词时，一定要注意汉语拼音的读法和英语单词读法的区别。对于年龄比较小的孩子，在拼音和单词音标没有搞清楚的情况下，不建议使用这种方法。对于年龄稍大一些的学生及知道拼音和单词音标区别的成年人，就可以放心大胆地使用拼音法。相信聪明的你是会博采众长、融会贯通的。

第4节　单字母编码法（找单字母编码）

一、英语编码的三种方式

什么是英语编码呢？在记忆英语单词的过程中，通过一定的方式，把英文字母或字母组合转化成图像，这个转化过程就叫作编码。这些转化后的图像也可以叫作"图像编码"。

为什么要这样转化？这些英语图像编码又有什么用呢？

记忆单词的关键在于，在拼写和意思之间建立起联系，并用图像联想记住。而单词是由一个个字母组成的，一整串字母难以转化出图，但是如果把单词中经常出现的字母和字母组合转化成图像，下次一看到这些字母或字母组合时，就能想到相应的图像，就可以很方便地用"拆—图—联"三步法去拆分记忆单词了。

那怎样才能系统地把这些字母和字母组合转化成图像呢？

可以采用三种方法进行英语编码的转化，分别是音、义、形。

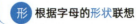

字母编码的三种方式

音，谐音法或拼音法。通过字母或字母组合的发音（谐音）或者拼音来进行转化。

义，意义法。通过字母或字母组合的意义、逻辑来进行转化。

形，象形法。通过字母或字母组合的形状来进行转化。

接下来，我们就来系统地学习英语编码。

二、26 个单字母编码

根据编码长度，英文中的编码可以分为单字母编码、双字母编码和多字母编码，其中双字母编码和多字母编码又可以合称为字母组合编码。

我们首先来学习单字母编码。英语中有a到z共26个字母，将单个的字母转化成图像，这些单个字母对应的图像就是单字母编码。

可以通过音、义、形三种编码方式，把字母转化成图像。

比如：

字母a，可以联想到apple，苹果，意义法，因为"apple"的首字母就是a。

字母b，可以联想到boy，小男孩，意义法；或者联想到一支笔，谐音法。

字母c，可以联想到弯弯的月亮或镰刀，象形法；或者联想到cat，猫，意义法。

字母d，可以联想到弟弟，或笛子，拼音法；或者联想到dog，狗，意义法。

字母e，可以联想到一只鹅，拼音法。

字母f，可以联想到一把斧头，或者一根拐杖，象形法。

字母g，可以联想到哥哥，或者鸽子，拼音法。

字母h，可以联想到一把椅子，象形法。

字母i，可以联想到一根蜡烛，象形法。

字母j，可以联想到一个鱼钩，象形法。

字母k，可以联想到一把机关枪，象形法。

字母l，可以联想到一根木棍，象形法。

字母m，可以联想到麦当劳，意义法。

字母n，可以联想到一扇小门，象形法。

字母o，可以联想到一个鸡蛋，象形法。

字母p，可以联想到一面旗子，象形法；或者联想到一只皮鞋，拼音法。

字母q，可以联想到一只企鹅，意义法，因为QQ软件的Logo是一只企鹅。

字母r，可以联想到一棵小草或者小芽，象形法。

字母s，可以联想到一条蛇，或者一个美女，象形法。

字母t，可以联想到一把伞，象形法。

字母u，可以联想到一个烧杯，或者U型磁铁，象形法。

字母v，可以联想到一把镊子，象形法。

字母w，可以联想到一个王冠，象形法。

字母x，可以联想到一把剪刀，象形法。

字母y，可以联想到一把弹弓，或者一根树杈，象形法。

字母z，可以联想到一道闪电，象形法。

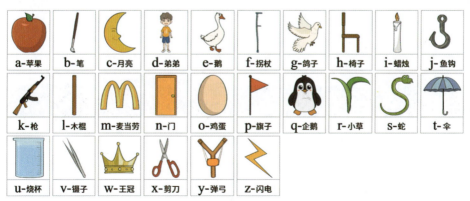

26个单字母编码

就这样，通过"音、义、形"三种方式，可以把所有的26个单字母转化成图像。一般来说，不到十分钟的时间，就可以把这26个单字母编码记熟，因为都是按照"音、义、形"的逻辑进行转化的，很容易理解和记忆。

当然，细心的你可能留意到了，同一个字母可以有不同的编码方式和编码图像，比如字母c可以通过象形法编码成"月亮"和"镰刀"，也可以通过意义法编码成"cat，n.猫"。

一般情况下，建议大家优先选择象形法的编码，因为联想起来更快、更直观。另外，一个字母可以有多个图像编码，这样在拆分单词的时候，就可以根据实际情况选择最适合的图像编码进行联想。

三、找单字母编码

熟记26个单字母编码之后，我们就可以用单字母编码法来记忆单词了。

单字母编码法记单词，就是运用"拆—图—联"，在记忆新单词时，找一找单词中有没有自己熟悉的单字母编码。

例：clay /kleɪ/ n.泥土；黏土

拆分：c——编码，月亮或镰刀；lay——v.躺（lie的过去式）；放置

联想1：月亮c躺lay在泥土clay里。

联想2：镰刀c躺lay在泥土clay里。

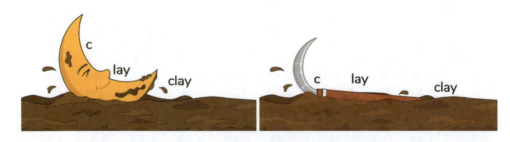

单字母编码法

可以看到，当一个字母有多个编码的时候，我们可以根据实际情况选择自己觉得更合适的编码图像进行拆分联想。比如clay这个单词中的字母c，可以结合自己的喜好来选择使用月亮还是镰刀去联想记忆。

我们现在来看更多的示例。

1. bright /braɪt/ a.（光线）明亮的

拆分：b——编码，笔；right——a.右边的

联想：这支笔b的右边right是明亮的bright。

2. superb /suːˈpɜːrb/ a.极好的

拆分：super——a.超级的；b——编码，笔

联想：这支超级super好的笔b，质量当然是极好的superb。

3. hoist /hɔɪst/ n.起重机 v.升起；吊起来

拆分：host——n.主持人；i——编码，蜡烛

联想：主持人host用起重机hoist从中间吊起hoist蜡烛i。

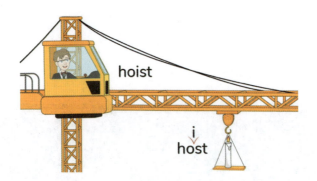

4. glove /ɡlʌv/ n.（分手指的）手套

拆分：g——编码，哥哥；love——v.爱

联想：哥哥g很爱love这种分手指的手套glove。

可以看到，用单字母编码法记单词也是非常灵活的。单字母编码可以在单词的开头（如bright：b+right），可以在单词的结尾（如superb：super+b），还可以在单词的中间（如hoist：host+i）。熟练掌握单字母编码法，需要我们有较强的观察力以及有一定的基础词汇量。

另外，需要注意的是，单字母编码法多用于单个字母加熟悉的单词或拼音组成的单词，这样记忆起来比较快。千万不要学了单字母编码法之后，就把一个单词的所有字母拼写都拆成一个一个的字母，这样拆分的数量太多，反而增加了记忆难度。比如，记忆单词"strike，v.敲（响）；罢工"，如果拆分成s-t-r-i-k-e去记忆就比较复杂。

那要怎样做呢？还可以使用字母组合编码。

第5节 字母组合编码法（找字母组合编码）

一、字母组合编码法

英语编码有单字母编码，还有字母组合编码。

将两个或多个字母转化成图像，这些字母组合对应的图像就叫作字母组合编码。

字母组合编码法，就是用"拆—图—联"三步法记忆新单词时，找一找单词中有没有熟悉的字母组合编码。掌握了字母组合编码法，可以成倍提高记单词的速度。

二、常见的字母组合编码

和单字母编码一样，我们可以用音、义、形三种方式将字母组合转化成图像。具体示例如下。

1. 音：根据拼音或谐音编码

比如，fr编码成夫人，gr编码成工人，cur编码成粗人，str编码成石头人，st编码成石头，abo编码成阿伯，apo编码成阿婆。

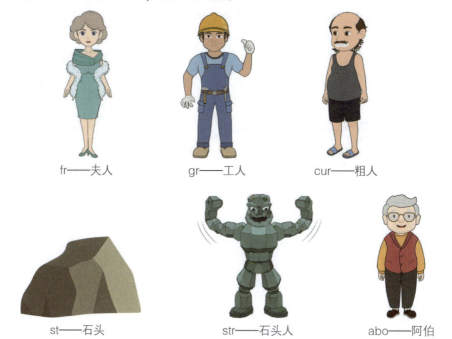

fr——夫人　　　gr——工人　　　cur——粗人

st——石头　　　str——石头人　　　abo——阿伯

由于固定的字母组合在单词中可能发音不一样，而且用谐音法编码大多不如拼音法方便，所以大部分根据"音"来编码的字母组合都使用拼音法。

2. 义：根据意义编码

比如，ant编码成蚂蚁，bro编码成兄弟（brother），et编码成外星人（extraterrestrial），minate编码成小吃（因为min表示小，ate是"eat，v.吃"的过去式）。

ant——蚂蚁　　　bro——兄弟　　　et——外星人　　　minate——小吃

3. 形：根据象形编码

比如，oo编码成眼镜，eve编码成猫头鹰。

oo——眼镜　　　　　　　eve——猫头鹰

除此之外，字母也可以象形成数字。

比如字母b像数字6，字母g像数字9，字母l像数字1，字母o像数字0，字母s像数字5，字母z像数字2。具体的对照表格如下。

字母数字象形对比表

数字	0	1	2	5	6	9
字母	o	l	z	s	b	g

当然，也可以用象形法把上述字母的组合转化成数字组合，比如boo像数字600，goo像数字900。这样去记忆"boom，n.&v.繁荣；激增""boot，n.靴子""gloom，n.忧郁"等单词的时候就会比较快。

这样，通过"音、义、形"三种方式，我们就可以把常见的字母组合转化成图像了。

单字母编码只有26个，字母组合编码的数量较多，从排列组合的角度来说，双字母组合的总数量就有26×26 = 676种，再加上多字母组合编码，即使只算常见的，字母组合编码也有几百个，需要花时间积累。好在有些编码只在难度较大的单词中出现，词汇量如果在1万以下，需要掌握的字母组合编码并不多。

一些常见的字母组合编码如下表所示。

常见的字母组合编码表

ab	阿宝	cy	苍蝇/茶叶	fo	佛	mn	猛男
abo	阿伯	de	德国人	fr	夫人	mp	麦片
ac	阿聪	du	肚	ft	扶梯	mu	木头
ad	AD钙奶	dis	的士	fu	父亲	ni	泥/你
af	阿飞	dit	地图	ga	鸭子	ob	欧巴
ag	阿哥	dr	敌人/医生	gate	大门	op	藕片
al	阿里	dt	电梯	ge	哥哥	ous	藕丝
ak	AK47	dy	电影	gh	桂花	pl	漂亮
ant	蚂蚁	ec	耳垂	gl	公路	pr	仆人
apo	阿婆	ef	恶妇	gn	公牛	ric	日出
ar	矮人	el	恶龙	gr	工人	rt	软糖
ba	爸爸	ele	大象	gu	鼓	ry	人鱼
bat	蝙蝠	em	恶魔	gy	桂圆	sc	赛车
bo	伯伯	ep	恶婆	he	河/盒	sm	寺庙
bl	玻璃	eq	恶犬	hu	湖/狐狸	st	石头
br	病人	er	儿子	hy	胡杨/红叶	str	石头人
ce	厕所	et	外星人	id	身份证	sur	俗人
cd	CD光盘	eve	猫头鹰	ja	广口瓶	ta	塔
ch	彩虹	ex	一休	je	巨鳄	th	桃花

续表

ck	刺客/长裤	ey	鳄鱼	la	辣椒	tic	体操
cl	窗帘	fa	头发	ld	领导	tion	神
co	CoCo奶茶	fe	飞蛾	le	可乐	tr	铁人
cr	超人	ff	狒狒	ly	老鹰	ve	维生素E
ct	磁铁	fi	飞机	ma	妈妈	wa	瓦
cur	粗人	fl	凤梨	mer	美人	wr	蛙人

三、找字母组合编码

掌握了一些常见的字母组合编码之后，我们就可以用字母组合编码法来记单词了。

用字母组合编码法记单词，就是运用"拆—图—联"，在记忆新单词时，找一找单词中有没有自己熟悉的字母组合编码，包括双字母编码和多字母编码。

例：grieve /grɪːv/ v.悲伤；使伤心

拆分：gr——双字母编码，工人；i——单字母编码，蜡烛；eve——多字母编码，猫头鹰

联想：工人gr点蜡烛i纪念自己死去的猫头鹰eve，非常悲伤grieve。

字母组合编码法

可以看到，运用字母组合编码法记单词，既可以找双字母编码，也可以找多字母编码，还可以结合单字母编码。另外，还可以结合拼音法、熟悉单词法等方法一起拆分联想。我们现在来看更多的示例。

首先，来看双字母编码记单词的示例。

1. 双字母编码记单词

（1）fraction /ˈfrækʃn/ n.分数

拆分：fr——夫人；action——n.行动

联想：夫人fr的行动action是做分数fraction运算。

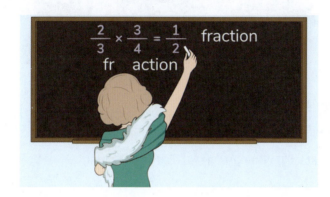

（2）freight /freɪt/ v.运送；n.货物

拆分：fr——夫人；eight——num.八

联想：夫人fr运送freight了八箱eight货物freight。

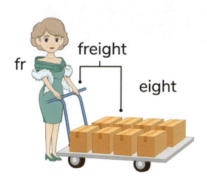

（3）grin /grɪn/ v.咧嘴笑；露齿而笑

拆分：gr——工人；in——prep.在里面

联想：工人gr在屋里面in咧着嘴笑grin。

（4）string /strɪŋ/ n.线

拆分：st——石头；ring——n.戒指

联想：石头st上的戒指ring中间穿过了好几根线string。

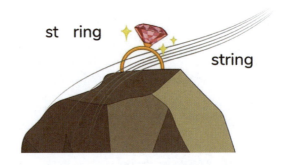

可以看到，双字母编码比单字母编码长，同等情况下，用一个双字母编码记忆比用两个单字母编码的速度更快。

接着，我们再来看多字母编码记单词的示例。

2. 多字母编码记单词

（1）strike /straɪk/ v.敲（响）；（钟）鸣；罢工

拆分：str——石头人；ike——形似like，v.喜欢

联想：石头人str喜欢(l)ike敲strike钟，也喜欢罢工strike。

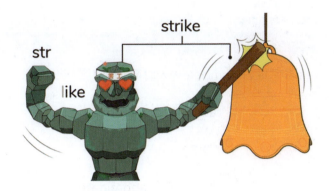

（2）strive /straɪv/ v.努力；奋斗

拆分：str--石头人；ive--形似live，v.生存；居住

联想：石头人str活着(l)ive就要努力奋斗strive。

（3）abode /əˈbəʊd/ n.家；住所

拆分：abo--阿伯；de--拼音，"的"

联想：这是阿伯abo的de住所abode。

（4）abominate /əˈbɑːmɪneɪt/ v.憎恶；极其讨厌

拆分：abo——阿伯；minate——编码，小吃

联想：阿伯abo非常憎恶abominate别人偷拿他的小吃minate。

（5）curtail /kɜːrˈteɪl/ v.限制；减缩

拆分：cur——编码，粗人；tail——n.尾巴

联想：粗人cur居然长了一条尾巴tail，要限制curtail它的生长。

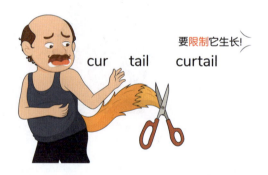

可以看到，多字母编码法可以跟熟悉单词法结合使用（如strike、strive、curtail），也可以跟拼音法结合使用（如abode），还可以拆分成多个多字母编码（如abominate）。

多字母编码的长度更长，包含的信息更多，但拆分后的模块更少，所以能更快记住单词。

比如，"abominate，v.憎恶"这个单词，如果一个字母一个字母地去记忆，a-b-o-m-i-n-a-t-e，要记忆9个字母，但是通过多字母编码法，直接拆分成编码阿伯abo和编码小吃minate，只需要两个部分一连接就记住了这个单词，速度非常快。

另一方面，用编码法记忆单词非常准确，如果直接记忆，容易出错，但是编码

的图像跟字母是有对应关系的，只要有图像联想，就能准确回忆，再结合读音的音节划分记忆，速度很快。

3. 更多字母组合编码记忆示例

当掌握了一个编码后，含有这个编码的单词就可以很快拆分记住，更多示例如下。

（1）stage，n.舞台（记忆：一个石头st和一个年龄age很大的老人在舞台stage上）

（2）stair，n.楼梯（记忆：一个石头st从空中air落到了楼梯stair上）

（3）stable，a.稳定的（记忆：石头st做的桌子能够able很稳定stable）

（4）abolish，v.废除；废止（记忆：阿伯abo想废除abolish自己的黑历史lish）

（5）abort，v.使流产（记忆：孕妇吃了阿伯abo给的毒软糖rt就流产abort了）

（6）boom，v.激增 n.繁荣（记忆：激增了600家boo麦当劳m，很繁荣boom）

（7）booth，n.电话亭（记忆：电话亭booth上开了600朵boo桃花th）

（8）incur，v.招致（记忆：忘了关门招致incur屋里in进了粗人cur）

（9）curtain，n.窗帘（记忆：粗人cur他ta躲在窗帘cuitain里in面）

（10）Mercury，n.水星（记忆：美人Mer和粗人cur一y起去了水星Mercury）

（11）dominate，v.统治（记忆：所有做do小吃minate的人都由我统治dominate）

（12）eliminate，v.消灭（记忆：鹅e消灭eliminate了里li面所有的小吃minate）

（13）culminate，v.告终（记忆：肚子饿了找吃的，最后以吃完粗粮cul做的小吃minate而告终culminate）

可以看到，当熟练掌握字母组合编码后，单词的记忆会变得很简单。尤其是多字母编码，一个多字母编码就相当于3～6个字母，甚至更多字母，所以记忆速度更快。

总结一下，编码法记忆单词，就是用"拆—图—联"三步记单词，在新单词中找自己熟悉的编码（如单字母编码或字母组合编码）进行拆分，再用图像联想法快速记住。

在我看来，用编码法记单词是万能且快速的，因为不管什么单词用编码法都可以记住。当然，你初学编码法的时候，要留意以下几个事项。

（1）编码法非常强大，一定要认真学习和理解，并积累编码。

（2）编码法可以记简单词，也可以记难词，但是对于已经认识的单词就不必用编码法拆分记忆了。比如简单词"lost，v.丢失"，可以将其拆分成丢失lost了10个lo石头st，可如果之前你就已经认识lost，那就不用拆分记忆了。

（3）同一个字母或字母组合拼写，可以有多个编码图像。可以根据记单词的实际情况，来选取更容易联想的编码图像。

（4）同一个字母或字母组合编码的拼写，可以对应不止一个编码图像，但是同一个编码图像只能对应一个拼写。比如fr可以是夫人，也可以是富人，可以想象夫人或者富人的图像；但是不要看到fr用夫人，看到fur也用夫人，这样回忆单词拼写的时候，根据夫人的图还原回去的时候就不确定是fr还是fur了。

（5）编码不是唯一的，大家完全可以根据自己的习惯和经验去编属于自己的编码。编制的方法也很简单，即"音、义、形"三种方式。每个人的编码不一定要一样，只要自己觉得合适就行。

其实，学到后面你会发现，所有的方法都可以算作编码法，也希望你能够体会编码法的强大。如果想学更多单词记忆示例，可以下载由我带领的团队开发的图样单词App，每个单词都有高效的记忆方法，都有拆分、出图和联想记忆策略。

第6节　词根词缀法（找词根词缀）

一、词根词缀法

从语言学的角度来说，单词一般由三部分组成：词根、前缀和后缀。

词根决定单词的基础意思或者衍生相关的意思。词根，像"根"一样，是基础部分，很多单词从词根上"长"出来。

词缀包含前缀和后缀，"缀"联想到"点缀"，前缀和后缀分别在单词前后进行点缀。前缀在单词的前面，改变单词的词义；后缀在单词的后面，决定单词的词性。

词根词缀法，就是用词根词缀来记单词。用"拆—图—联"三步法记忆新单词时，找一找单词中有没有自己熟悉的词根词缀。

　　词根词缀法是一种很简单、很基础，但是又很科学、很有效的方法，用词根词缀能帮助我们成倍提高词汇量。

二、常见的词根词缀

　　在用词根词缀法记单词之前，需要掌握一些基础的词根词缀。词缀比词根简单，数量也更少，可以先学习词缀。词缀包括前缀和后缀，前缀包括否定前缀和其他前缀，后缀包括形容词后缀、名词后缀、副词后缀等。我们现在来具体学习词缀。

1. 常见的前缀

常见的前缀如下。

（1）否定前缀

否定前缀	un-	happy	a.快乐的	unhappy	a.不快乐的
	im-	possible	a.可能的	impossible	a.不可能的
	in-	correct	a.正确的	incorrect	a.不正确的
	ir-	regular	a.规则的	irregular	a.不规则的
	il-	logical	a.符合逻辑的	illogical	a.不符合逻辑的
	dis-	like	v.喜欢	dislike	v.不喜欢
		appear	v.出现	disappear	v.消失

（2）其他前缀

其他前缀	pro- 表示"向前"	protect v.保护	progress v.进步	proffer v.提供
	pre- 表示"提前"	preface n.前言	predict v.预言	pretest v.预先测试
	re- 表示"再次、重复"	reborn v.再生	restart v.重启	review v.复习
	mal- 表示"坏、恶"	maltreat v.虐待	malformation n.畸形	malnutrition n.营养不良

2. 常见的后缀

常见的后缀如下。

（1）形容词后缀

形容词后缀	-y	health	n.健康	healthy	a.健康的
	-al	nation	n.国家	national	a.国家的
	-ous	danger	n.危险	dangerous	a.危险的
	-ful	success	n.成功	successful	a.成功的
	-ing	interest	n.兴趣	interesting	a.有趣的

（2）名词后缀

名词后缀	-er	teach	v.教	teacher	n.教师
	-or	act	v.表演	actor	n.男演员
	-ist	art	n.艺术	artist	n.艺术家
	-ion	suggest	v.建议	suggestion	n.建议
	-ment	excite	v.使激动；使兴奋	excitement	n.兴奋；令人兴奋的事情
	-ence	differ	v.使不同	difference	n.不同；差异
	-ance	important	a.重要的	importance	n.重要性
	-ness	shy	a.害羞的	shyness	n.害羞
	-ship	friend	n.朋友	friendship	n.友谊

（3）副词后缀

形容词后缀	-ly	wide	a.广泛的	widely	adv.广泛地
	-wards	back	a.后面的	backwards	adv.向后

词缀的学习比较简单，尤其是否定前缀和后缀，很多常见的否定前缀和后缀在学单词的过程中我们就可以记住大部分。

其他前缀基本都很短，可以用"拆—图—联"直接拆分联想记忆。比如，mal-表示"坏"，直接拆分，ma是"妈"的拼音，字母l想到一根棍子，联想记忆：这个妈妈ma很坏mal，拿棍子打人。或者联想到"mall，n.商场"，字母l像数字1，联想记忆：这个商场mall里的商品都坏mal了，一个l好的也没有。

总之，词缀很容易就能记住。接下来我们一起来学习词根。

3. 常见的词根

词根的数量比词缀要多，但常见的也就几百个，把词根当作单词来记，用记忆法不到半天时间就可以记完。

因为有些词根不常见，所以真正要记住的常用词根并不多。下表是一些常见的词根，按照字母顺序排列，记熟之后可以成倍提高词汇量。

常见的词根		
ann– 年：annual a.每年的	dict– 说：predict v.预言	med– 中间：medium a.中等的
aud– 听：audience n.听众	duct– 引导：product v.产品	mit– 送：emit v.发射
bio– 生物：biology n.生物学	empt– 获得：exempt v.免除	posit– 放置：exposit v.揭示
cand– 发光：candle n.蜡烛	fid– 相信：confident a.有信心的	pent– 处罚：repent v.后悔

cap– 头：capital n.首都	grav– 重：gravity n.重力	rect– 正，直：direct a.直接的
cent– 百：century n.世纪	gress– 走：progress n.进步	rupt– 断裂：abrupt a.突然的
centr– 中心：central a.中央的	hum– 土，地：inhume v.埋葬	sent– 感觉：consent v.同意
cid– 杀：biocide n.杀虫剂	inter– 相互：interact v.相互影响	spect– 看：respect v.尊重
cept– 拿，抓：accept v.接受	ject– 投掷：inject v.注射	tain– 拿住：maintain v.维持
cess– 走：access n.通道	lect– 选择：collect v.收集	tele– 远，电：television n.电视
cord– 心：discord v.不一致	man– 手：manual a.手工的	tract 拉：attract v.吸引

三、记忆词根词缀的两大方法

有人可能会想，词根词缀的方法确实很科学，但是我连词根词缀都记不住，那该怎么办呢？怎样才能快速记住词根词缀呢？

其实，词根词缀的数量虽然不算少，但是记忆起来并不难。我们完全可以把词根词缀当作单词来记，况且大部分词根词缀的长度并不长。

有两个方法可以快速记住词根词缀：第一，可以用"拆—图—联"三步法来记忆词根词缀。第二，可以利用熟词（熟悉的单词）来记忆词根词缀，把含有相同词根词缀的单词放到一起来记。

1. 用"拆—图—联"三步法记忆词根词缀

我们可以用"拆—图—联"三步法记忆词根词缀，具体的记忆示例如下。

（1）词根 tele，表示"远"，引申为"电"

拆分：te——拼音，"特"；le——拼音，"了"

联想：电tele的速度很快，立马就传输得特te别远tele了le。

（2）词根 dict，表示"说"

拆分：di——拼音，"弟"；ct——编码，磁铁

联想：弟弟di拿着磁铁ct开心地说dict磁铁可以吸铁。

（3）词根 spect，表示"看"

拆分：sp——编码，视频；e——编码，鹅；ct——编码，磁铁

联想：看spect视频sp看到一只鹅e在玩磁铁ct。

（4）词根 tract，表示"拉"

拆分：tr——编码，铁人；act——v.表演

联想：铁人tr力大无穷表演act拉tract大车。

（5）词缀 anti，表示"相反、反抗"

拆分：ant——n.蚂蚁，i——我（大写的I就是"我"的意思）

联想：蚂蚁ant要和我i反抗anti。

（6）词缀 sub，表示"下面、向下"

拆分：su——"酥"的拼音；b——"饼"的拼音首字母

联想：酥su饼b掉下sub来了。

总之，把词根词缀当作单词，用"拆—图—联"三步进行拆分，再用图像联想法，就能很快记住。

2. 用熟词记忆词根词缀

我们还可以用熟词帮助记忆其中的词根词缀，具体的记忆示例如下。

（1）词根 tele，表示"远"，引申为"电"

熟词：television n.电视

联想：vision是视力的意思，电视就是用电让视力可以看到特别远的地方的东西，所以tele就表示"远"，引申为"电"。

（2）词根 dict，表示"说"

熟词：dictionary n.字典

联想：字典就是记录每个词汇怎么说dict的东西（名词后缀ion+名词后缀ary），所以dict就表示"说"。

（3）词根 spect，表示"看"

熟词：respect v.尊敬；尊重

联想：re是前缀表示"再次、重复"，对于重要的事物，看一眼不够重视，再次re看spect就代表尊敬respect。

（4）词根 tract，表示"拉"

熟词：attract v.吸引

联想：at是前缀，表示"加强"，吸引attract就是强行at把你的注意力拉tract过来，所以tract就表示"拉"。

（5）词缀 anti，表示"相反、反抗"

熟词：antisocial a.反社会的

联想：social是社会的，反对anti社会的social，就是反社会的antisocial，所以anti表示"相反、反抗"。

（6）词缀 sub，表示"下面、向下"

熟词：subway n.地铁

联想：地铁subway行驶在地下sub的道路way上，所以sub就表示"下面；向下"（也可以联想sub就是bus的拼写反过来，bus公共汽车在地上，sub反过来，所以就是在地下，在下面）。

用记忆法记词根词缀是非常灵活的，如果记忆一个词根词缀没有熟词的话，也可以用含有这个词根词缀的一个简单词辅助记忆，或者直接用"拆—图—联"去拆分记忆。

四、词根词缀法记单词

词根词缀法，就是用词根和词缀来记单词。

具体来说，用"拆—图—联"三步法记忆新单词时，找一找单词中有没有熟悉的词根词缀。

例：inspect /ɪnˈspekt/ v.检查；审视

拆分：in--prep.里面；spect--词根，表示"看"

联想：向里面in仔细看spect，就是检查、审视inspect。

词根词缀法记单词（找词根词缀）

可以看到，用词根词缀法记忆单词，逻辑非常直接，很方便联想记忆。因此，掌握了词根词缀，就可以很容易地去联想并记住单词。

我们现在来看更多的例子。

1. tractor /ˈtræktər/ n.拖拉机；拖车头

拆分：tract——词根，表示"拉"；or——名词后缀

联想：能拉tract其他东西的物体or就是拖拉机tractor。

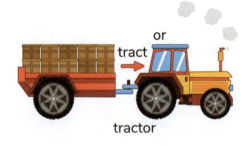

2. extract /ɪkˈstrækt/ v.提取

拆分：ex——前缀，表示"出"；tract——词根，表示"拉"

联想：向外ex拉tract出来，就是提取extract。

3. contract /kənˈtrækt；ˈkɑːntrækt/ v.收缩 n.合同

拆分：con——前缀，表示"共同、一起"；tract——词根，表示"拉"

联想：共同con拉tract回去，就是收缩contract，拉回到一起签合同contract。

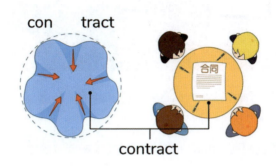

4. concourse /ˈkɑːŋkɔːrs/ n.大厅；广场；汇合

拆分：con——前缀，表示"共同、一起"；course——n.课程

联想：一起con来大厅concourse汇合，学习课程course。

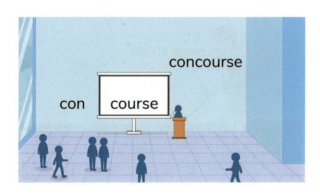

注：其实course来源于词根cur的变形，cur、curr、cour、cours，都表示"跑"，所以course也有"n.路线"的意思。

5. discourse /ˈdɪskɔːrs/ n.演讲

拆分：dis——前缀，表示"分开、散开"；course——n.课程

联想：演讲discourse一定要把自己讲的话散开dis到每个人，做好这点需要学习专业的课程course。

注：前缀dis还有"否定、不"的意思，比如like是"v.喜欢"，dislike是"v.讨厌"，但是在这里表示"分开、散开"。

另外，在这个单词里面，dis也可以根据拼音编码成"的士"，联想记忆：坐的士dis去上一个演讲discourse课程course。

6. prospect /ˈprɑːspekt/ v.勘探 n.前途

拆分：pro——前缀，表示"向前"；spect——词根，表示"看"

联想：向前pro看spect，就是勘探prospect，勘探之后发现很有前途prospect。

就这样，我们用词根词缀法快速记住了上述单词。词根词缀是非常基础的方法，但是又非常重要，大家一定要掌握。

五、词根词缀法的两大好处

用词根词缀法记单词还有两大优点。第一，用词根词缀法可以成倍扩大词汇量。第二，用词根词缀法记单词还可以猜出不认识的单词的意思。

（1）好处1：成倍扩大词汇量。

假如，我们已经知道success是“n.成功”的意思，那就可以通过词根词缀法，一下子拓展到6个单词，如下图所示。

success n. 成功

- succeed v. 成功
- success n. 成功
- successful a. 成功的
- successfully adv. 成功地，顺利地
- unsuccessful a. 不成功的
- unsuccessfully adv. 失败地

词根词缀法成倍扩大词汇量

其实，success和succeed本身就可以用词根词缀来记忆，suc是前缀，表示“在下面”，cess和ceed是词根，都表示“走”。具体的记忆如下。

例1：success n.成功

拆分：suc--前缀，表示“在下面”；cess--词根，表示“走”

联想：从下面suc一直往前走cess，就是成功success。

例2：succeed v.成功

拆分：suc--前缀，表示“在下面”；ceed--词根，表示“走”

联想：从下面suc一直往前走ceed，就是成功succeed。

可以看到，success和suceed中的词根cess和ceed都表示“走”，一个是名词，一个是动词，类似的还有“process，n.进程；处理”“proceed，v.继续做；前进”。发现这个规律也能帮我们拓展单词的记忆。

（2）好处2：帮助猜出新单词的意思。

基于词根词缀的构词规律，可以猜出新单词的意思，比如由词根词缀组成的新单词和单词中以前没发现的新单词。

现在我们已经知道了sub是前缀，表示“下面、向下”。

（1）假如我们做阅读时看到一个没见过的单词subtract。sub表示“向下”；tract是词根，表示“拉”，所以这个单词的意思应该与“向下拉”有关，拉下来就是减少，结合具体的语境就很容易猜出确切的意思，subtract确实就是“v.减；减去”的意思。而subtraction表示加减乘除中的“减法”。

（2）假如我们背单词书，看到一个新单词"submarine，a.海面下的 n.潜水艇"。sub表示"下面"，如果submarine是"海面下的"，那就可以立马猜测，marine是不是跟海有关呢。如果你查字典，会发现，marine的意思就是"a.海洋的；海运的"。

是不是很有趣呢，英文的词根词缀就像中文的偏旁部首，确实能够帮我们猜出新词汇的意思。当然，有时候还需要我们有更强大的观察力和敏感性。

比如，如果没有先看到subtract，第一次见到的是subtraction，那就需要进行划分，把sub拆出来，划掉后面的名词后缀ion，就会发现词根tract，如果直接划分成sub和traction，可能就不能一下子猜出正确的意思了。

根据下面的例句，结合所学内容，你能猜出protractor和distraction这两个单词是什么意思吗？

（1）Use your protractor to measure if this angle is 90 degrees.

（2）Concentrate on your study and stay away from the distractions such as TV, smart phone and delicious snacks, which might attract your attention.

猜完之后可以自行查字典验证。

总结一下，词根词缀法是非常有用的，既可以帮我们成倍扩大词汇量，又可以帮我们猜出一些没见过的单词的意思。

但是词根词缀法也有以下几个注意事项。

（1）词根词缀法并不能记忆所有的单词。有的单词没有明显的词根和词缀。

（2）可以将词根词缀法与其他方法结合使用。在用"拆—图—联"三步法记单词时，可以把词根词缀法跟熟悉单词法、拼音法、编码法及后面即将讲到的方法一起使用。

（3）可以用编码法记忆词根词缀。有时候，同一个词根的不同拼写表示同一个意思。比如"cid"和"cis"都表示"切开、杀"，"cap""capt""cept""ceiv"和"cip"都表示"拿、抓、握住"，"acid""acri""acu"和"acerb"都表示"尖、酸、锐利"，可以用编码法分别拆分记忆容易混淆的词根。

（4）词根词缀也可以是编码。学到后面你会发现，其实所有的方法都是编码法，词根词缀也可以是编码。比如一看到tract就想到一个"拉"的动作，就相当于把tract编码成了"拉"。

第7节　对比记忆法：如何区分并秒记易混淆单词

一、对比记忆法

对比记忆法，就是将两个拼写相似的单词放到一起，对比着来记。

运用"拆—图—联"三步法，拆分的时候找一找有没有已经认识的、跟新单词很像的单词，如果有就可以拿来进行对比记忆。对于单词拼写中的不同部分，可以利用单字母编码或者字母组合编码等方法区分。

对比记忆法，可以用来记忆新单词，也可以用来区分易混淆单词。

二、对比记忆法记忆新单词

我们可以用对比记忆法来记忆新单词。

例：donkey /ˈdɑːŋki/ n.驴子

对比记忆：monkey——n.猴子；donkey——n.驴子

联想：一只聪明的猴子monkey在逗一头愚蠢的驴子donkey。

对比记忆法记忆新单词

运用对比记忆法记忆新单词，通常需要用我们熟悉的单词来跟新单词对比记忆。

比如，用我们熟悉的"monkey，n.猴子"记住了不熟悉的"donkey，n.驴子"，本质上还是"以熟记新"的原则，利用自己熟悉的知识来记住不熟悉的知识，把短时记忆跟熟悉的长时记忆建立起联系，新单词就不容易遗忘。

当然，如果连monkey也不认识的话，记忆donkey就不要用monkey来对比记忆，可以用"拆—图—联"记忆法，联想弟弟d坐在驴子donkey上on玩一把钥匙key。

我们现在来看更多对比记忆记新单词的例子。

1. sorrow /'sɒrəʊ/ n.悲伤；悲痛

对比记忆：borrow——v.借；sorrow——n.悲伤

联想：借borrow钱不还，很悲伤sorrow，如此so悲伤。

注：通过so记住sorrow的开头是so。

2. ginger /'dʒɪndʒə/ n.姜；生姜

对比记忆：finger——n.手指；singer——n.歌手；ginger——n.生姜

联想1：哥哥g切生姜ginger的时候切到了手指finger。

联想2：哥哥g是个歌手singer，吃了生姜ginger嗓子很辣。

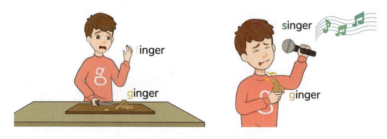

3. gravel /'ɡrævəl/ n.沙砾；碎石

对比记忆：travel——v.旅行；gravel——n.沙砾

联想：哥哥g旅行travel时发现有很多沙砾gravel。

4. leather /ˈleðər/ n.皮革；皮外套

对比记忆：father——n.爸爸；leather——n.皮革；le——拼音，"乐"

联想：爸爸father买了喜欢的皮革leather，很快乐le。

5. grudge /grʌdʒ/ n.积怨；怨恨

对比记忆：judge——n.法官 v.评判；grudge——n.积怨；gr——编码，工人

联想：工人gr对法官judge的裁决积怨grudge很深。

6. ample /ˈæmpl/ a.充足的

对比记忆：apple——n.苹果；ample——a.充足的

联想：上午am采摘了充足的ample苹果apple。

7. coffin /ˈkɔfin/ n.棺材

对比记忆：coffee——n.咖啡；coffin——n.棺材

联想：棺材coffin里面in是咖啡色coffee的。

可以看到，用对比记忆法来记忆新单词非常快，因为新单词只跟自己熟悉的单词相差一点点，相当于大部分字母都已经很熟悉了。

另外，用对比记忆法记忆新单词也非常灵活。不一样的部分的字母数量可以一样（如gravel与travel），也可以不一样（如leather与father，grudge与judge）；不一样的部分可以是开头的字母（如sorrow与borrow），可以是中间的字母（如ample与apple），也可以是结尾的字母（如coffin与coffee）。对于单词中不同的部分，可以直接用单字母编码或字母组合编码等方法区分记忆。比如gravel和travel，联想是哥哥g旅游的时候发现很多沙砾gravel；比如grudge和judge，是工人gr积怨grudge。

熟练掌握对比记忆法，记忆新单词的速度就会很快。

三、对比记忆法区分易混淆单词

对比记忆法不仅可以记住新单词，还可以用来记忆易混淆的单词。

例：desert与dessert

① desert /ˈdezərt , dɪˈzɜːrt/ n.沙漠 v.抛弃

② dessert /dɪˈzɜːrt/ n.饭后甜点；甜品

对比记忆：desert——n.沙漠 v.抛弃；dessert——n.甜品；s——美女

联想1：有一个美女s被抛弃desert在了沙漠desert。

联想2：有两个美女ss在抢着吃甜品dessert。

对比记忆法区分易混淆单词

很多人碰到易混淆的单词就头疼，经常出错。其实学了编码法之后，用对比记忆法结合编码法，把易混淆的单词放到一起记忆，非常简单。

我们现在来看更多的例子。

1. angel与angle

① angel /ˈeɪndʒl/ n.天使

② angle /ˈæŋgl/ n.角度

对比记忆：angel——n.天使；angle——n.角度；el——编码，二郎神；le——拼音，"乐"

联想1：像二郎神el一样能飞的就是天使angel。

联想2：投篮瞄准角度angle投进了很快乐le。

注：其实如果只有两个易混淆的单词，只用记住其中一个，另一个自然就能被推断出来了，比如知道了angel是"天使"的意思，那剩下的angle肯定就是"角度"的意思。当然，学了编码法之后大家就要有自信，能做到百分之百正确。

2. complement与compliment

① complement /ˈkɑ:mplɪmənt/ n.补充物

② compliment /ˈkɑːmplɪmənt/ n.称赞

对比记忆：complement——n.补充物；compliment——n.称赞；ple——近似apple，苹果；pli——漂p亮li；ment——名词后缀

联想1：想健康，来com吃一个苹果ple类的东西ment作为补充物complement。

联想2：来了com一个漂p亮li的美女，还带着漂亮的东西ment，不得不称赞她compliment。

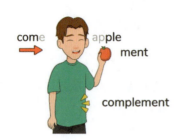

3. longitude、latitude、altitude、attitude和aptitude

① longitude /ˈlɑːndʒɪtuːd/ n.经度

② latitude /ˈlætɪtuːd/ n.纬度

③ altitude /ˈæltɪtuːd/ n.高度

④ attitude /ˈætɪtuːd/ n.态度

⑤ aptitude /ˈæptɪtuːd/ n.天赋

对比记忆：titude——拼音，"踢土的"（其实itude是名词后缀，表示"性质，状态"）；long——a.长的；la——拼音，"拉"；al——近似all，所有的；at——prep.在；ap——"挨批"的拼音首字母；p——"屁"的拼音首字母

联想1：经线是竖的、连接南北极的，很长long，所以经度是longitude。

联想2：纬线是横的、平行赤道的，像平行拉la开的拉面，所以纬度是latitude。

联想3：不管是经度还是纬度，所有的al(l)肯定都有高度altitude。

联想4：坐在at这儿（教室）学习，就要有好的学习态度attitude。

联想5：没有天赋aptitude还屁p都不学，肯定会挨批ap。

可以看到，哪怕是五个如此复杂、形似、容易混淆的单词，我们用对比记忆法，结合拼音法、编码法进行拆分联想，一下子都变得很简单了。相信聪明的你，已经体会到了记忆法记单词的强大了。

总结一下，对比记忆法是非常有效的方法，既可以帮助记忆新单词，又可以帮助记住易混淆的单词。

但是对比记忆法也有以下几个注意事项。

（1）使用对比记忆法时，应该找熟悉的单词来对比记忆。这样"以熟记新"，更快更简单。

（2）用对比记忆法记忆新单词或易混淆单词时，对于不一样的部分，如果记不住，一定要进行区分。比如，可以用编码法、拼音法、熟悉单词法等进行区分。

（3）对比记忆法可以结合其他方法一起使用。在用"拆—图—联"三步法记单词时，可以把对比记忆法跟熟悉单词法、拼音法、编码法和词根词缀法等一起使用。

第8节　多义串记法：轻松记忆一词多义

一、多义串记法

很多人记单词，看到一个单词有多个意思时就会觉得很难记。可能还会想，一个意思都记不住，多个意思岂不是更记不住。用多义串记法就可以轻松搞定。

多义串记法，就是当一个单词有多个意思的时候，我们可以把单词的多个意思串联起来，编故事记忆。

多义串记法主要用于记忆一个单词的多个意思，至于记忆单词的拼写，可以用"拆—图—联"三步法记忆。

二、多义串记法记单词

我们可以用多义串记法来记忆单词的多个意思。

例：trip /trɪp/ n.旅行 v.绊倒

多义串记：trip——n.旅行 v.绊倒

联想：我在旅行trip中被绊倒trip了。

多义串记法记单词

使用多义串记法时，最好有一个意思是熟悉的，这样会记得更快。比如，我们已经知道trip有"n.旅行"的意思，再用"n.旅行"去记住"v.绊倒"，联想旅行时被绊倒了，就能很快记住"v.绊倒"这个意思。这就是"以熟记新"，建立起牢固的回忆线索。

当然，如果没有熟悉的意思，甚至这个单词之前完全没有见过，就要用"拆—图—联"三步法去记住单词的拼写，再结合多义串记法记住单词的多个意思。

我们现在来看更多的例子。

1. gift /gɪft/ n.礼物；天赋

多义串记：gift——n.礼物；天赋

联想：上天给的礼物gift就是天赋gift呀。

2. fly /flaɪ/ v.飞；飞行 n.苍蝇

多义串记：fly——v.飞；飞行 n.苍蝇

联想：一只苍蝇fly在飞fly。

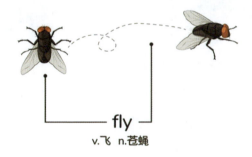

3. spring /sprɪŋ/ n.春天；泉水；弹簧 v.弹

多义串记：spring——n.春天；泉水；弹簧 v.弹

联想：春天spring的泉水spring像弹簧spring一样被弹spring出来了。

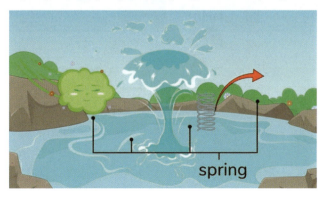

可以看到，通过多义串记法，一句话就记住了spring的四个意思。

4. charge /tʃɑ:rdʒ/ v.充电；收费；指控 n.负责；费用；充电量

多义串记：charge——v.充电；收费；指控 n.负责；费用；充电量

联想：这个人负责charge充电charge收费charge，不给费用charge就会被他指控charge，导致充电量charge充不满。

5. blunder /ˈblʌndər/ n.错误 v.蹒跚

多义串记：bl——编码，玻璃；under——adv.在下面 a.下面的

联想：踩在玻璃bl下面under是个错误blunder，脚受伤了就要蹒跚blunder着走。

6. propose /prəˈpoʊz/ v.打算；建议；求婚

多义串记：pro——前缀，表示"向前"；pose——n.姿势 v.摆姿势

联想：向前pro摆个姿势pose，我打算propose求婚propose，你有什么建议propose？

可以看到，当一个单词有多个意思时，多个意思之间可能是有关系的，很容易就串联记住。比如"gift，n.礼物；天赋"，别人送的东西叫"礼物"，上天送的东西叫"天赋"；比如"fly，n.苍蝇 v.飞"，苍蝇会飞。

总结一下，多义串记法很容易理解，"多义"就是多个意思；"串记"就是串联记忆。用多义串记法记单词，就是将单词的多个意思串联起来，编故事记忆。

如果单词的多个意思中有一个是自己熟悉的，那就可以直接用多义串记法记住，即用熟悉的意思来串记熟词生义。如果都不认识，可以结合编码法等记住其拼写，再串联记忆多个意思。

最后，使用多义串记法有以下几个注意事项。

（1）当一个单词有多个意思时，大多数情况下这些意思间都是有联系的。所以，不用担心记不住。

（2）就算单词的多个意思之间没有明显的联系，也可以通过联想编故事的方式去创造联系。

（3）多义串记法主要用于串记单词的多个意思，对于单词的拼写，可以用"拆—图—联"三步法记忆。

（4）对于意思特别多的单词，可以先串记其中的一部分高频出现的意思，等这几个意思熟悉后再记忆其他的几个意思。

第9节　如何快速记忆英语文章

一、英语文章记忆原理

记单词是记英语文章的基础，因为英语文章是由一个个单词组成的。熟练掌握单词的记忆方法后，就可以去记忆英语文章了。

英语文章的记忆原理，跟中文文章的记忆一样，也是把要记忆的英文文章转化成图像，并运用图像联想法快速记住。

当文章比较长的时候，还要提取出关键信息，包括关键的单词、短语等。

当然，除了记单词之外，记忆英语文章还需要两个基础，分别是短语和语法。即需要会记单词，会记短语，还要有一定的语法知识基础。

我们现在一一来看。

二、如何快速记忆短语搭配

单词记忆是基础，掌握了单词记忆方法之后，短语搭配的记忆就很简单了，无非就是多一个单词或几个单词而已。

记忆短语的方法有三种：通用方法、结构法和编码法。

1.通用方法

通用方法就是很多人通用的记短语的方法，即记住短语中的单词，然后理解记忆。我们现在来看具体的例子。

（1）a glass of …　一杯……

glass是"n.杯子"的意思，所以，"a glass of…"就是"一杯……"的意思。

比如，"a glass of water 一杯水""a glass of milk 一杯牛奶"。

（2）a pair of… 一双……

pair是"n.双；对"的意思，所以，"a pair of…"就是"一双……"的意思；比如，"a pair of shoes 一双鞋""a pair of socks 一双袜子"。

（3）in space 在太空

space是"n.太空"的意思，所以"in space"就是"在太空"。

英语中绝大部分短语都和上述示例一样，只要理解单词的意思，自然地就能记住短语。而单词的记忆直接用"拆—图—联"三步法记住就行。

2. 结构法

结构法就是通过分析短语的结构来帮助快速记忆。现在来具体地看三种常见短语结构。

（1）动词＋介词（v. + prep.）

get up　　起床

wake up　　醒来

put on　　穿上

take off　　脱下

turn on　　打开

turn off　　关闭

（2）动词＋名词＋介词（v. + n. + prep.）

take care of　　　照顾

make notes of　　记录；做笔记

pay attention to　　注意

give birth to　　生育；使诞生

have a look at　　看看

have confidence in...　对……有信心

（3）be + 形容词 + 介词（be + adj. + prep.）

be good at …	擅长……
be good for …	对……有好处
be full of …	充满……
be away from …	离开……

（4）介词 +（定冠词 / 不定冠词 / 形容词性物主代词）+ 名词；（prep. + (det.) + n.）

in a minute	一会儿
in the future	将来；在将来
in my opinion	在我看来
in fact	事实上
by accident	偶然
on purpose	故意地

其中，"定冠词/不定冠词/形容词性物主代词"可以有，也可以没有，故用括号表示。

上述示例是常见的一些短语构成的结构形式，其实还有一些其他的构成形式。理解短语的结构之后，就可以很容易地记住类似的短语。比如，in my opinion本质上是"in one's opinion"，所以in his opinion就表示"在他看来"，in her opinion就表示"在她看来"。

因此，绝大多数短语的记忆核心都在于记住关键的单词，关键单词记住了，也就很容易记住短语了。

3. 编码法

除了上述两种方法，还可以用编码法记住短语。

编码法就是利用英语编码，去记住短语。

很多人记忆相似短语时容易混淆。比如同一个动词可以和不同的介词组成不同的短语，这些短语非常容易混淆。我们可以把常用的介词编码成图像，在理解的基础上，结合图像联想法记忆，就可以很轻松地区分易混淆的动词短语。

比如，look是动词，表示"看"。look可以和介词组成很多介词短语，如下表所示。

look in	看望	look to	指望；寄托；展望
look into	考察；研究	look at	朝……看；仔细看
look for	寻找	look back	追忆；回顾
look up	查阅（字典、参考书）	look after	照顾；照料
look around	四处转转	look over	快速翻页；浏览

介词比较容易理解，但是有的难以直接出图。我们可以事先把常见的搭配进行编码，转化成图像，再结合短语意思跟短语中的主体单词进行联想，快速记住短语。

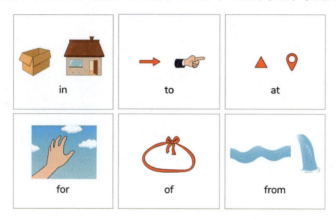

介词图像编码示例图

（1）介词 in，里面；在……里面

编码成"里面"，想象一个盒子里面，或者房屋里面。

（2）介词 to，朝……；向……

编码成一个箭头，或者想象食指指着某个方向。

（3）介词 at，在……（位置/时间）；朝……

编码成一个三角形，或者地图定位的符号。

（4）介词 for，为了……

编码成一只手，往上伸。

（5）介词 of，属于……

编码成一根带子，可以系住物体。

（6）介词 from，源自……；从……起

编码成一条河流或一注水流。

当编码完介词之后，再用介词的编码图像去记忆短语就很简单了。以前死记硬背或者按照介词意思的逻辑记忆，联系不够紧密，很容易混淆。现在用编码法记忆，因为图像不一样，对应的意思就不一样，对图像印象会更深刻，不容易忘记。

我们来看具体的例子。

look in 看望（记忆：往屋子里面in看老人，就是看望）

look to 指望；寄托；展望（记忆：手指向to着看，就是指望）

look into 考察；研究（记忆：看到里面in各种方向to，就是考察、研究）

look at 朝……看；仔细看（记忆：朝一个点at看，就是仔细看）

look for 寻找（记忆：为了for某事物边看边伸手翻，就是寻找）

look back 追忆；回顾（记忆：往背后back看，就是追忆、回顾）

look up 查阅（字典、参考书）（记忆：向上up拿下书架上的字典，就是查字典）

look after 照顾；照料（记忆：老人坐在轮椅上，另一个人站在轮椅后面after看，就是照顾）

look around 四处转转（记忆：边走边往四周around看，就是四处转转）

look over 快速翻页；浏览（记忆：看每一页很快结束over，就是浏览）

可见，根据单词和介词的意思，结合图像记忆，就可以很快联想记住短语的意思。

另外，当一个短语有多个意思的时候，也可以用多义串记法，串起来编一个故事记忆。比如，take off有"（事业）腾飞；突然成功""（飞机）起飞""（突然）离开""脱掉""休假"等多个意思。那我们就可以串联记忆：他事业腾飞后，脱掉工作服去休假，坐飞机起飞离开了。

三、如何快速记忆英语语法

掌握了单词和短语的记忆方法，记忆语法就简单很多了。英语语法体系虽然比较庞大，但是系统性非常强，内在的语法逻辑很清晰。所以，基于对语法逻辑的理解，再结合我们的图像联想记忆方法，找一本完善的语法书系统学习记忆即可。

注意，一定要在心中有语法逻辑框架，在框架中学习填充，会掌握得更好。再结合图像记忆法、标题记忆宫殿法记忆即可。

我们可以根据下面的语法学习逻辑框架图来系统地学习英语语法。

英语语法学习结构图

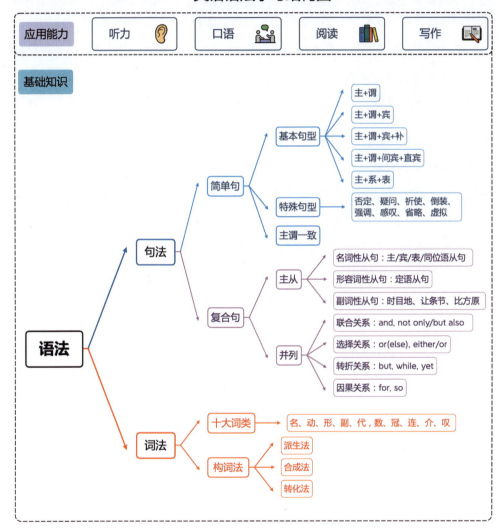

1. 语法：词法+句法

什么是语法？语法就是语言的用法，如何正确地使用语言。语法可以分为词法和句法。所以可以分别学习词法和句法。

2. 词法：十大词类+构词法

什么是词法？词法就是词的用法，如何正确地用词。要掌握十大词类和构词法。

（1）十大词类

英语单词可以分为十大词类——"名动形副代，数冠连介叹"，分别是：名词、动词、形容词、副词、代词、数词、冠词、连词、介词、感叹词。

比如名词，看是可数名词还是不可数名词，是可数名词要看是用单数还是复数。

比如动词，动词按照功能可以分为实义动词、情态动词、助动词和系动词。根据动词后面能否接宾语，又可以分为及物动词和不及物动词；及物动词根据后面接宾语的情况又可以分为接单宾语、双宾语、宾语宾语补足语。此外，还要看动词后面是接不定式、V-ing，还是接动词原形。

另外，动词还涉及时态、语态和非谓语动词，时态和语态又会改变动词的拼写，如过去式、过去分词、现在分词等。这些也可以结合语法部分学习。

（2）三大构词法

知道了词的十大类型后，还要知道单词是怎么来的。英语单词有三大构词法：派生法、合成法、转化法。

派生法，通过词根、词缀派生出新单词。比如，"success"，意思是"n.成功"，后面加形容词后缀ful可变成"successful，a.成功的"，前面再加前缀un可变成"unsuccessful，a.不成功的"。可以用本章第6节讲过的词根词缀法来记派生词。

合成法，通过两个或两个以上的单词连在一起合成一个新词。这样的单词也叫合成词。比如，合成名词，"seafood，n.海鲜"，由"sea"和"food"合成，海sea里的食物food就是海鲜seafood。比如，合成动词，"undergo，v.经历"。比如，合成形容词，"duty-free，a.免税的"。还可以用现在分词、过去分词合成形容词，比如，"good-looking，a.好看的""out-going""warm-hearted"等都是合成词。可以用本章第2节讲过的熟悉单词法来记合成词。

转化法，将单词由一种词性转换成另一种词性。比如，"dream"既有动词"v.做梦"的意思，又有名词"n.梦"的意思；比如，"air"既有名词"n.空气"的意思，又有动词"v.通风"的意思。通过词性的变化可以丰富单词的语义和用法，让语言表达更灵活。可以用本章第8节讲解的多义串记法去记转化词。这也是"一个单词有多个意思时，其多个意思之间通常都会有联系"的原因之一。

有没有发现，英语这门语言是非常有趣的，当你掌握了来龙去脉之后，把一切串起来，会有豁然开朗的感觉。

当然，除此之外，还有一些是音译或者借用其他语言的词，这种简单了解就好。

3. 句法：简单句+复合句+时态语态

句法就是句子的用法，如何正确地造句。那就要了解句子用途、句子类型，熟悉句子结构，清楚句子成分，掌握从句类型，并搞定句子的时态、语态。

根据用途，英语句子可以分为四种：陈述句、祈使句、疑问句、感叹句。

根据结构，英语句子可以分为简单句和复合句。一定要熟练掌握句子结构。

简单句包括五大基本句型和八种特殊句型。

复合句包括三大类别的六大主从复合句和四种并列复合句。

（1）简单句

简单句包括五大基本句型和八种特殊句型。

① 五大简单句基本句型

我们要熟悉句子结构，可以由易到难，先来学习简单句。英语中有五大简单句基本句型：主谓、主谓宾、主谓宾宾补、主谓双宾、主系表。可以逐个地进行学习。

为什么会有这样的五种句子结构呢？这是由五种谓语动词决定的，分别是：不及物动词、三种及物动词（后面分别接单宾语、双宾语、宾语宾语补足语）和系动词，这五种谓语动词刚好对应着五种简单句型。

② 八种特殊句型

有基本句型就会有特殊句型。简单句还有八种特殊句型：否定句、疑问句、祈使句、倒装句、强调句、感叹句、省略句、虚拟句。

其中，考试常考的"there be句型"就是倒装句，常考的虚拟语气就是虚拟句。

③ 八大句子成分

要想更好地理解和掌握句子结构，还要搞清楚句子的成分。英语中有八大句子成分：主、谓、宾，定、状、补，表、同。分别是主语、谓语、宾语，定语、状语、补语，表语、同位语。

对这些句子成分的理解和记忆可以用标题记忆宫殿法（后面会介绍这种方法）。比如"主语、谓语、宾语，定语、状语、补语，表语、同位语"，这八大句子成分中的"语"就是指"词语"或者"语句"。这些专业词语之所以叫这样的名字都是有原因的，可以直接根据字面意义去理解记忆。

比如，什么是定语，"定"就是"限定"，定语就是做限定的词语或语句，形容词经常作为定语。

比如，什么是状语，"状"就是"状态"，状语就是描述各种状态的词语或语句，副词经常作为状语，可以修饰动词和形容词。形容词和副词作为定语和状语就把句子成分和十大词性联系起来了。

而状语根据描述状态的类别又可以分为：时间状语、地点状语、原因状语、结果状语、条件状语、目的状语、让步状语、方式状语。想记住也很简单，直接串记：时间地点，因果条目让我"方"（谐音"慌"），即联想在某个时间地点，因为因果关系，看到一些条目让我的状态很慌张。

比如，什么是补语，"补"就是"补充说明"，补语就是用来补充说明的词语或语句，对主语的补充说明就是主语补足语，对宾语的补充说明就是宾语补足语。

比如，什么是同位语，"同位"就是"相同位置"，同位语就是在相同位置对名词或代词做补充说明的词语或语句。

通过建立起名称和意义之间的联系，可以帮我们高效理解和记住专业词语，学习语法也会更简单。

（2）复合句

有简单句就有复合句。

复合句根据不同句子之间的关系是"从属"还是"并列"，可以分为主从复合句和并列复合句。简称，主从句和并列句。

复合句包括三大类别的六大主从复合句和四种并列复合句。

① 三大类别的六大主从复合句

什么是主从复合句？主从复合句，就是由"主句"和"从句"复合成的句子，也简称为"主从句"，根据名称很容易理解和记忆。

那什么是从句呢？我们学英语都听过"从句"，但却不一定理解什么叫"从句"。"从"就是"从属"，"从句"就是"从属子句"，也就是从属于这个句子的子句，是需要有"从属"、有"依附"的。所以从句不能单独拿出来当作一个句子（而并列句可以）。理解了八大句子成分，就很容易学习从句了。

英语中有三大类型的主从句：名词性从句、形容词性从句和副词性从句。

这三大类型的主从句具体又包括六大从句：主语从句、宾语从句、表语从句、同位语从句、定语从句和状语从句。

主语从句、宾语从句、表语从句和同位语从句就是名词性从句，因为这四种从句的功能相当于名词。

定语从句相当于形容词性从句，因为形容词多用作定语，是限定修饰的，定语从句就是用一个从句来修饰目标成分。

状语从句相当于副词性从句，因为副词多用作状语，表示状态，可以修饰动词或形容词。

而状语从句又根据状语的八种类型可以细分为八种状语从句。分别是：时间状语从句、地点状语从句、原因状语从句、结果状语从句、条件状语从句、目的状语从句、让步状语从句、方式状语从句。这八个类别我们刚刚已经讲过怎么记了。

所以，我们现在把十大词性、八大句子成分和三大类型的六大主从复合句建立起来联系，一环扣一环，很容易根据逻辑记住它们。

② 四种并列复合句

句子与句子之间除了以"主句"和"从句"的方式进行复合，还可以通过连词进行复合，即并列复合句。

并列复合句，就是句子与句子之间是并列关系的复合句。没有谁是主句、谁是从句之分，所以并列复合句中的每个句子都可以单独拿出来作为一个句子。并列复合句也简称为"并列句"。

英语中有四种并列复合句：联合关系、选择关系、转折关系和因果关系。

比如联合关系，用连词"and""not only… but also…"进行连接。

比如选择关系，用连词"or""else""either… or…""neither… nor…"进行连接。

比如转折关系，用连词"but""while""yet"等进行连接。

比如因果关系，用连词"for""so""because"等进行连接。

并列句比从句更容易理解和掌握，基本上知道单词的意思就能读懂并列句。

（3）十六大时态

学完句子成分、结构和类型就可以学习时态和语态了。

比如，掌握英语时态。英语中有十六大时态：一般现在时，一般过去时，一般将来时，一般过去将来时；现在进行时，过去进行时，将来进行时，过去将来进行时；

现在完成时，过去完成时，将来完成时，过去将来完成时；现在完成进行时，过去完成进行时，将来完成进行时，过去将来完成进行时。看起来好像很多，但在"一般时""进行时""完成时"和"完成进行时"这四个关键词上进行拓展即可。

（4）两大语态

英语中有两大语态：主动语态和被动语态。这个比较简单，也很容易理解，主动语态、被动语态主要取决于主语和宾语（或表语）的前后位置关系。

通过上述方式，学英语语法就很清晰明了了，结构性很强，层层递进。你可以对照本节开头的语法学习逻辑框架图来仔细体会上述内容。

总结一下，语法的学习和记忆，可以按照上述逻辑框架学习，将理解和图像记忆结合在一起，掌握语法知识自然水到渠成。因本书的目标是系统教授大家掌握全面的记忆法，单纯语法的理解和记忆就不着过多笔墨了，你也可以通过扫码本书封底的二维码获得更详细的电子版的语法学习结构图。

四、如何快速记忆英语文章

1. 英语文章记忆步骤

英语文章的记忆方法与中文文章一样，需要会记单词、短语，并且还需要有一定的语法基础知识，这样就可以用记忆中文文章的方法去记忆英语文章了。

要想快速记忆英语文章，通常来说有以下四步。

第1步：通读并理解文章意思，弄懂并记住重点单词、短语的意思。

第2步：理清文章结构。

第3步：联想出图（并绘制简图）。

第4步：重复记忆，回忆测试。

2. 英语文章记忆示例

所有记忆中文文章的方法都可以用来记忆英语文章，比如图像联想法、绘图记忆法、思维导图法和记忆宫殿法。

比如，我们用绘图法来记忆英语文章。

要记忆*The value of time*，具体如下。

The value of time

To realize the value of one year, ask a student who has failed his final exam.

To realize the value of one month, ask a mother who has given birth to a premature baby.

To realize the value of one week, ask the editor of a weekly newspaper.

To realize the value of one day, ask a daily wage laborer who has a large family to feed.

To realize the value of one hour, ask lovers who are waiting to meet.

To realize the value of one minute, ask a person who has missed the train, bus, or plane.

To realize the value of one second, ask a person who has survived an accident.

To realize the value of one millisecond, ask the person who has won a silver medal at the Olympics.

Time waits for no one. Treasure every moment you have.

第 1 步：通读并理解文章意思，弄懂并记住重点单词、短语的意思。

这一篇文章的句式结构比较统一，每一句话的具体释义如下。

The value of time，时间的价值

1. *To realize the value of one year, ask a student who has failed his final exam.*

想知道"一年"的价值，就去问期末考试不及格的学生。

2. *To realize the value of one month, ask a mother who has given birth to a premature baby.*

想知道"一个月"的价值，就去问曾经早产的母亲。

3. *To realize the value of one week, ask the editor of a weekly newspaper.*

想知道"一个星期"的价值，就去问周报的编辑。

4. *To realize the value of one day, ask a daily wage laborer who has a large family to feed.*

想知道"一天"的价值，就去问有一大家子嗷嗷待哺的领日薪的工人。

5. *To realize the value of one hour, ask lovers who are waiting to meet.*

想知道"一小时"的价值，就去问在等待见面的情侣。

6. *To realize the value of one minute, ask a person who has missed the train, bus, or plane.*

想知道"一分钟"的价值，就去问刚刚错过火车、公共汽车或者飞机的人。

7. *To realize the value of one second, ask a person who has survived an accident.*

想知道"一秒钟"的价值，就去问在车祸中大难不死的人。

8. *To realize the value of one millisecond, ask the person who has won a silver medal at the Olympics.*

想知道"一毫秒"的价值，就去问奥运会中获得银牌的人。

9. *Time waits for no one.*

时间不等人！

10. *Treasure every moment you have.*

珍惜你所拥有的每一刻！

其中，对于一些生单词和短语，可以用前面讲过的单词和短语的记忆方法来记忆。我们来看一些具体的例子。

（1）give birth to，生育；使诞生

拆分：give——v.给；birth——n.出生；诞生；to——prep.向；给，予

联想：给give出生birth到某事物to，就是生育，诞生give birth to某事物。

这是本章讲过的"动词+名词+介词（v. + n. + prep.）"的短语结构形式。

（2）premature /ˌpriːməˈtʃʊr/ a.未成熟的；早产的

拆分：pre——前缀，表示"之前"；mature——a.成熟的

联想：在成熟mature之前pre，就是未成熟的、早产的premature。

这是本章第6节讲过的词根词缀记忆法。如果不认识mature该怎么办呢？很简单，用第7节讲的对比记忆法，和"nature，n.自然"一起对比记忆：大自然nature中的动物变得成熟mature需要妈妈ma养育。

（3）has a large family to feed，有一大家子要养活

拆分：have——v.有；a——一；large——a.大的；family——n.家庭；feed——v.养活

联想：有have一a大large家子family要to养活feed，合起来就是has a large family to feed。

其实这是"v. + n. + 不定式"的语法结构形式，是have sth to do的具体形式，sth是具体的"a large family"，to do是"to feed"。所以掌握了语法结构就很容易记忆。

（4）treasure /ˈtreʒər/n.财富；财产 v.珍惜

拆分：trea--近似treat，v.对待；sure--adv.当然

联想：对待trea(t)财富treasure，我们当然sure要珍惜treasure。

这是用本章第2节的熟悉单词法和第8节的多义串记法去记忆的。

总之，当熟练掌握单词的记忆方法之后，很容易记住短语并读懂文章。

第2步：理清文章结构。

理解意思后，我们可以根据文章的内容来进行分层。比如这篇文章，很容易就可以根据内容分为三层。标题是The value of time，讲时间的价值。

第一层是第1句到第4句，分别讲一年、一个月、一个星期和一天的价值。

第二层是第5句到第8句，分别讲一小时、一分钟、一秒钟和一毫秒的价值。

第三层是第9句到第10句，总结时间不等人，珍惜每一刻。

第3步：联想出图（并绘制简图）。

理清文章的结构之后，我们就可以根据理解，逐句联想出图。

其中，要注意提取关键信息进行出图（如名词或名词词组、动词），然后按顺序逐句出图，要根据意思和逻辑结构去设置一定的空间顺序，句与句之间要有连接，建立回忆线索。参考的记忆图见下页。

第4步：重复记忆，回忆测试。

最后，根据图像重复记忆这篇文章，直到熟练之后，可以进行回忆练习。

在这一步，根据图像重复记忆文章，可以读出声来，脑海中一定要想象画面。熟悉后，闭上眼睛回忆整篇文章，对回忆不起来或背诵慢的地方重新出图联想，直到记熟。

The value of time 1.To realize the value of one year, ask a student who has failed his final exam. 2.To realize the value of one month, ask a mother who has given birth to a premature baby.
3.To realize the value of one week, ask the editor of a weekly newspaper.
4. To realize the value of one day, ask a daily wage laborer who has a large family to feed.

9. Time waits for no one.
10. Treasure every moment you have.

5. To realize the value of one hour, ask lovers who are waiting to meet.
6. To realize the value of one minute, ask a person who has missed the train, bus, or plane.
7. To realize the value of one second, ask a person who has survived an accident.
8. To realize the value of one millisecond, ask the person who has won a silver medal at the Olympics.

注意，回忆环节非常重要，可以确保我们的背诵效果。对于回忆比较慢或者想不起来的地方，一定要分析原因，重新出图联想，直到记熟。由于文章比较长，容易忘，所以对于重要的文章还可以用间隔重复法进行复习，把短时记忆转化成长时记忆。

总结一下，英语文章记忆的方法其实跟中文文章记忆的方法相差不大；正如记忆字词是记忆中文文章的基础；掌握单词、短语的记忆方法也是记忆英语文章的基础。

最后，英语文章记忆有以下几个注意事项。

（1）一定要在大脑里想象图像！如果不想象图像，可能当时记住了，但是过段时间就容易遗忘。

（2）一定要给文章分层，层与层之间还要有连接，构图要跟文章逻辑相符合。文章通常比较长，分层可以做到化长为短，一次性记忆单个模块的记忆量变小。每一层提取关键词出图联想，层与层之间或句与句之间容易中断的就串联记忆，建立起联系。另外，想象或绘制的构图要跟文章逻辑相符合，这样更利于理解和记忆。

（3）想象图像或者画面的时候要按照一定的空间顺序，不要跳画面。

（4）一定要复习和回忆，通过回忆检测。

（5）用绘图法记忆英语文章时，不用担心图画得不好看。只要自己能看得懂、记得住就行。熟练之后也可以不用绘图。

严格按照上述方法及步骤练习英语文章的记忆，并注意以上事项，训练一段时间后，记英语文章的速度和准确性都会大大增强。如果你能够练习10篇以上的英文文章，那么再回来看此章节，体会必然更深刻。

第3章

第4章 数字超级记忆法

生活、学习中经常会遇到数字信息的记忆，死记硬背很难长久记住。
本章讲解有趣的数字编码和数字记忆神奇三法，让你成为数字记忆达人。

第1节　神奇的数字编码

一、数字记忆的重要性和难点

1. 数字记忆的重要性

记忆数字非常重要，因为各个学科都有重要的数值需要记忆，比如历史年代、地理数值（长度、高度、面积、日期）、物理数值及常数（速度、重力加速度、密度、燃点、熔点、沸点、电压、气压）、数学常量（圆周率 π、自然对数的底 e、黄金分割比、三角函数值）、化学元素的相对原子质量与化学反应方程式配平系数等。还有考试、考证中也会有很多重要的数字需要记忆。

此外，数字在我们的生活中也随处可见，比如电话号码、身份证号、学号、银行卡号、车牌号、房间号、邮政编码和时间的时分秒等。因为数字能够确定顺序并且能无限拓展下去，所以我们可以利用数字进行编号，把相同类型不同的东西区分开来，让我们的生活井井有条。

2. 数字记忆的难点

虽然数字信息很常见，但对于大部分人来说，记忆数字却不是一件容易的事情。

数字记忆有三大难点：抽象、枯燥无规律、难记易忘。

（1）抽象：数字记忆非常抽象，难以理解

当我们要记忆一个中文词语的时候，想象出图像并不难。比如当看到或听到"大海""小汽车"等名词时，我们会想到这些词的图像；比如看到"跑步""游泳""投篮"这些动词时，我们可以想象出动作。但是对于大部分人来说，数字没有具体的含义，所以难以想象出图。

（2）枯燥无规律：数字记忆比较枯燥且无规律

当我们要记忆文字的时候，一般来说，这些文字组合成的一段话或者一篇文章，都是有意义的，不会毫无规律地被组合到一起。但数字的出现可能是没有规律的，而且单个数字就0~9总共10个数字，会出现大量的重复，这也增加了记忆的难度。

（3）难记易忘

对于人的大脑而言，抽象、难以理解的东西是很难被记住的，数字就是如此。如果要求记忆一段无规律的随机数字，我相信没有经过训练的人，绝大多数一时半会儿都背不下来。据说我国著名的桥梁专家茅以升曾经就通过背诵圆周率来锻炼自己的记忆力，虽然枯燥，但还是背了前100位，直到80岁高龄时还能背出。

其实，系统学习数字记忆方法后，2分钟就可以正确记住任意100位随机数字。

那具体要怎么做呢？我们可以使用一个特别强大的工具，叫作数字编码！

只要用"数字编码"这个工具，把抽象的数字转化成生动有趣的图像，以上三大问题就会迎刃而解！数字记忆就会变得非常简单！

二、什么是数字编码

在英语超级记忆模块中，我们通过一定的方式，把英文中的26个字母转化成图像，这些图像就叫作字母编码。英语字母有字母编码，数字其实也有数字编码。

那什么是数字编码呢？把数字通过一定的方式转化成图像，这些图像就是数字编码。转化的过程就是编码的过程。

我们要怎样才能把数字进行编码并转化成图像呢？

三、数字编码的三大方式

和英文字母编码一样，我们可以使用"音、义、形"三种方式来编码数字。

音，是谐音。比如，数字"79"，其谐音为"气球"，所以一看到数字"79"，我们就可以联想到一个红色的气球。

义，是意义。比如，数字"51"，五月一日是劳动节，可以通过逻辑记忆联想到"工人"，所以一看到数字"51"，就可以想到一个工人。

形，是象形。比如，数字"11"，可以很容易地想到吃饭用的筷子，所以一看到数字"11"，就可以想到一双筷子。

数字编码的三种方式

通过这样的方式，我们可以把数字转化成图像。

四、数字编码的三大原则

数字编码的三大方式能够让我们把抽象的数字转换成具体的事物，但是仅仅这样做还不够，我们还要让数字编码更好用。比如，同样是汉语词汇，有的词语很容易想象出图，有的就很难。

因此，在对数字进行编码的时候，还要满足以下三个原则，分别是：名词原则、特征原则和喜欢原则。

数字编码的三大原则

名词原则，是指数字编码要尽量用名词，而且是单个的、具体的名词。因为具体的名词更容易想象出图像，给人的印象也就越深刻，而单个的名词联想出图能更快一些。

特征原则，是指数字编码一定要有特征。因为有特征的事物更容易被记住，比如颜色、形状、温度、硬度、声音、气味、特性、攻击性等特征，充分调动大脑的多种感官来记住编码，尤其是有攻击性的编码，印象就更深刻。

喜欢原则，是指数字编码最好用你自己非常喜欢的、联想非常"顺"的事物。因为如果是你喜欢的编码，你的心情就会很好，用着就会很顺。如果是你不喜欢的编码，你就不愿意去想，不愿意去练，速度就会慢。

举几个例子让大家更好地理解。比如数字"71"，可以用谐音法联想到"奇异"，但奇异是形容词，形容某事物奇怪，这样不够明确。我们需要把它固定下来，想象成具体的事物，比如"奇异果"或者"奇异博士"，这种名词就更容易想象出图。再比如数字"75"，可以用谐音法联想到动词"骑虎"，虽然也可以想象出图，但它不是一个单独的名词，而是有"人"和"虎"两个图像，以后使用时就不太容易连接。

五、100 个数字编码

基于数字编码的三大原则，再运用数字编码的"音、义、形"三种方式，我们可以把00～99共100个两位数的数字都转化成图像，具体如下图所示。

100个数字编码（上）

00 望远镜	01 小树	02 铃儿	03 弹簧	04 小汽车
05 手掌	06 手枪	07 斧头	08 眼镜	09 猫
10 棒球	11 筷子	12 椅儿	13 医生	14 钥匙
15 鹦鹉	16 石榴	17 仪器	18 腰包	19 药酒
20 香烟	21 鳄鱼	22 双胞胎	23 耳塞	24 闹钟
25 二胡	26 河流	27 耳机	28 恶霸	29 恶囚
30 三轮车	31 鲨鱼	32 扇儿	33 星星	34 三丝
35 山虎	36 山鹿	37 山鸡	38 妇女	39 三角板
40 司令	41 死鱼	42 柿儿	43 死神	44 蛇
45 师父	46 饲料	47 司机	48 石板	49 湿狗

数字编码 00 ~ 49

100个数字编码（下）

1. 100个数字编码（上）：00～49

每个编码具体是怎么来的呢？我们现在来一一学习。

00，望远镜，象形法，像一个望远镜。

01，小树，象形法，像一棵小树。

02，铃儿，谐音法。

03，弹簧，象形法。0是弹簧的一个圈，3是弹簧侧面的形状。

04，小汽车，意义法，因为一辆小汽车有4个轮子。

05，手掌，意义法，因为一只手有五根手指头。

06，手枪，意义法和象形法。因为左轮手枪有6颗子弹，而且手枪也像数字6。

07，斧头，象形法，像一把斧头或者镰刀。

08，眼镜，象形法，像一副眼镜。

09，猫，意义法，因为民间传说猫有9条命。

10，棒球，象形法，1像棒球棒，0像棒球。

11，筷子，象形法，11像一双筷子。

12，椅儿，谐音法。

13，医生，谐音法，也可以想象是医生手中的注射器。

14，钥匙，谐音法。

15，鹦鹉，谐音法。

16，石榴，谐音法。

17，仪器，谐音法。可以想象一台显微镜。

18，腰包，谐音法。

19，药酒，谐音法。

20，香烟，意义法。因为一包香烟里面有20根烟。

21，鳄鱼，谐音法。

22，双胞胎，象形法。

23，耳塞，谐音法。

24，闹钟，意义法。因为一天有24小时。

25，二胡，谐音法。

26，河流，谐音法。

27，耳机，谐音法。

28，恶霸，谐音法。

29，恶囚，谐音法。

30，三轮车，谐音法或意义法。"30"谐音"三轮"，而且三轮车有三个轮子。

31，鲨鱼，谐音法。

32，扇儿，谐音法。

33，星星，谐音法。"33"谐音"闪闪"，一闪一闪的就像星星。

34，三丝，谐音法，凉拌三丝。

35，山虎，谐音法，即山上的老虎。

36，山鹿，谐音法，即山上的鹿。

37，山鸡，谐音法，即山上的野鸡。

38，妇女，意义法，因为3月8日是妇女节。

39，三角板，谐音法，"39"谐音"三角"。

40，司令，谐音法。

41，死鱼，谐音法。

42，柿儿，谐音法。

43，死神或石山，谐音法。

44，蛇，谐音法。"44"谐音"嘶嘶"，蛇会发出嘶嘶声。

45，师父，谐音法。

46，饲料，谐音法。

47，司机，谐音法。

48，石板，谐音法。

49，湿狗，谐音法。

OK，我们这就学习完了100个数字编码的前50个，细心的你可能已经发现了，刚刚提到的大部分数字编码都运用的是谐音法，因为谐音法最快、最方便。大家一定要不断地训练自己的编码出图和反应速度，做到非常熟练。

2. 100个数字编码（下）：50-99

学完前50个数字编码，我们再来学习后50个编码。

50，五环，象形法。0像一个圆圈，5个圈就是五环。

51，工人，意义法，因为5月1日是劳动节。

52，鼓儿，谐音法。

53，乌纱帽，谐音法，"53"谐音"乌纱"。

54，青年，意义法，因为5月4日是青年节。

55，火车，谐音法。因为"55"谐音"呜呜"，以前的火车在行驶时就会发出呜呜的声音。

56，蜗牛，谐音法。

57，武器，谐音法。可以想象一把大刀。

58，尾巴，谐音法。都知道松鼠的尾巴很有特征，像把伞。所以我们可以想象一只可爱的小松鼠。

59，五角，谐音法。可以想象一枚五角的硬币。

60，榴梿，谐音法。

61，儿童，意义法，因为6月1日是儿童节。

62，牛儿，谐音法。

63，硫酸，谐音法。

64，螺丝，谐音法。

65，礼物，谐音法。

66，蝌蚪，象形法。因为一只蝌蚪就像一个数字6，合起来就像两只蝌蚪；或者谐音法联想成"溜溜球"。

67，油漆，谐音法。

68，喇叭，谐音法。

69，太极，象形法。因为黑白两色的太极图就刚好像数字6和数字9。可以想象一个身穿太极服装、仙风道骨打太极的老人。

70，冰激凌，谐音法。

71，鸡翼，谐音法，鸡翼就是鸡翅。可以想象一串烤鸡翅；或者谐音法联想"奇异"，想到奇异果或者奇异博士。

72，企鹅，谐音法。

73，期刊，谐音法。

74，骑士，谐音法。

75，西服，谐音法。

76，汽油，谐音法。

77，机器人，谐音法，"77"谐音"机器"。

78，青蛙，谐音法。

79，气球，谐音法。

80，巴黎铁塔，谐音法。"80"谐音"巴黎"，可以想象巴黎的埃菲尔铁塔。

81，白蚁，谐音法。

82，靶儿，谐音法。

83，芭蕉扇，谐音法。

84，巴士，谐音法。

85，宝物，谐音法。

86，八路，谐音法，八路军。

87，白旗，谐音法。

88，麻花，象形法。一个麻花就像一个数字8，可以想象两个糖麻花。

89，八角，谐音法。八角是一种调料，有八个角；或者谐音联想成"白酒"。

90，酒瓶，谐音法。

91，球衣，谐音法。

92，球儿，谐音法。

93，旧伞，谐音法。

94，首饰，谐音法，就是金银首饰。

95，酒壶，谐音法。

96，旧炉，谐音法。

97，酒旗，谐音法。

98，球拍，谐音法。

99，玫瑰，意义法，因为很多场景中会用99朵玫瑰代表爱情长长久久。

OK，到这里，大家已经学完了100个数字编码。

看起来100个数字编码好像数量非常多，其实它们都是有逻辑的，都是按照"音、义、形"三种方式转化而来的。一般来说，不到一小时就能熟悉并记住全部的100个数字编码。

3. 0~9数字编码

前面讲了00~99共100个数字编码，你可能会疑惑，这些都是两位数的编码，那如果遇到奇数位的数字，我们要怎么记忆呢？比如最后多余了一个数字4，如果用两位数编码"04小汽车"的图像，回忆还原成数字的时候，怎么知道是"4"还是"04"呢？

都用两位数的数字编码确实容易混淆，所以我们还可以使用0~9的一位数的数字编码，专门解决这个问题。具体编码如下。

"0"编码成鸡蛋，"1"编码成铅笔，"2"编码成鹅，"3"编码成耳朵，"4"编码成帆船，"5"编码成钩子，"6"编码成勺子，"7"编码成拐杖，"8"编码成葫芦，"9"编码成花洒。

0-鸡蛋	1-铅笔	2-鹅	3-耳朵	4-帆船	5-鱼钩	6-汤勺	7-拐棍	8-葫芦	9-花洒

数字编码 0 ~ 9

可以看到，以上10个一位数的数字编码采用象形法的方式进行编码，所以很容易记住。现在我们就有了100个两位数的数字编码和10个一位数的数字编码，合称110数字编码。

掌握上述110个数字编码基本上就可以快速记住任意数字了。你一定要把这110个数字编码记熟，不仅能训练大脑的出图能力，还能快速记住很多信息。

同字母组合编码一样，编码越长，记忆的信息就越多。那能不能继续拓展更多位数的数字编码呢？确实可以！比如笔者2017年就编制了1000个三位数的数字编码（因为个位、十位、百位上的数字均有0~9这10种可能，所以总共有10*10*10=1000个）。不过三位数的数量相对更多，需要花更多时间掌握，对于普通的学习者而言，掌握110数字编码就足够了。

六、数字编码的注意事项

为使对数字编码的反应速度更快，记忆效果更好，还有几个注意事项。

（1）图像比声音更重要，要避免声音记忆。大部分的数字编码是通过谐音法转化过来的，很容易就会在心里默念该编码的中文，由于声音和文字的印象没有图像深刻，所以请注意一定要想象出图像。比如看到或者听到数字"37"，就在大脑中想象一只山鸡的画面，而不是默念"山鸡"。

（2）要尽量想象出清晰的图像，突出编码的特征。可以通过在网上搜索高清图片、视频的方式来加深自己对编码的印象。比如看"鳄鱼""鲨鱼"的高清照片或视频，就能加深对编码21、31的印象。

（3）每个数字编码可以固定一个动作，最好是有攻击性的动作特征。为了减少之后的联想时间，我们可以将每一个编码都固定一个动作，尤其是有攻击性的动作，这样一看到这个数字编码就立马可以想象该编码的攻击性动作，速度快，印象深。比如一看到"35"，立刻想象一只凶猛的山虎张开大嘴去扑咬的画面。

（4）编码不是唯一的，同一个数字可以有不同的图像编码。比如数字"71"，可以编码成"奇异果"，也可以编码成"鸡翼"或"机翼"，联想一串烤鸡翅或者一架战斗机。总之，你可以根据自己的习惯和经历，编自己的数字编码。

另外，你也可以使用微信搜索"图样大脑"小程序进行数字编码的练习，比如进行"读数训练""连接训练"等。

第2节　数字记忆神奇三法

掌握了110个数字编码之后，我们就可以用它们来快速记住数字了！

怎么用数字编码来记忆数字呢？我们一起来学习数字记忆的神奇三法：锁链法、故事法和定位法。

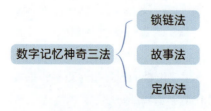

数字记忆的神奇三法

一、锁链法

锁链是一环扣一环的，非常牢固，很难扯断，我们在记忆的时候也可以采用这种一环扣一环的方式。

锁链法，是指将所要记忆的信息像锁链一样一个串一个地连接起来，一环扣一环地去记忆。

锁链法

注意，运用锁链法记忆信息的时候有三个要点。

1. 要想象具体的数字编码图像。

2. 相邻的两个数字编码要连接并且最好接触。

3. 要尽量用动词连接。

★　锁链法记忆实战：记住圆周率小数点后的第1～30位。

1415926535 8979323846 2643383279

前面提到可以把数字转换成图像编码。所以，我们可以根据数字编码表，将数字两位数两位数地进行划分，一一转化成图像，然后再用锁链法记忆。

1. 划分出图：将要记忆的长串数字两两划分并想象出对应的编码图像。

14 → 钥匙；15 → 鹦鹉；92 → 球儿；65 → 礼物；35 → 山虎；

89 → 白酒；79 → 气球；32 → 扇儿；38 → 妇女；46 → 饲料；

26 → 河流；43 → 死神；38 → 妇女；32 → 扇儿；79 → 气球。

2. 联想：运用锁链法，将一个个数字编码的图像连接在一起，快速记下来。

比如，我们可以联想：

钥匙（14）插进鹦鹉（15）的身体里，鹦鹉很痛，一脚踢飞了球儿（92），球儿砸翻了礼物（65），礼物里面居然有一只山虎（35）在喝白酒（89），山虎将白酒吐到气球（79）上，气球突然爆炸落下一把扇儿（32），砸在了妇女（38）的头上，导致妇女一不留神把手中拿着的饲料（46）撒在了河流（26）里，河流里飘来一个死神（43），掳走了妇女（38），临走时妇女手里拿着一把扇儿（32）扇出了一个气球（79）。

对应的记忆图如下：

锁链法记忆圆周率小数点后的第 1 ~ 30 位

3. 回忆：根据图像回忆还原数字。

按照超级记忆法万能公式的四个步骤：理解、出图、联想、回忆，我们在用图像联想法记住了数字之后，就可以开始回忆了。

请你对照上述联想记忆方案和辅助记忆图，重复记忆3~5遍，然后将数字默写在下方的横线上。

默写圆周率小数点后第1~30位：

_____

就这样，我们用锁链法快速记住了圆周率小数点后的第1~30位。

掌握方法之后，划分出图和联想可以一起进行。对数字编码越熟悉，想象出图的速度就越快，如果联想的速度也很快，那记忆的速度自然就快了。想象出图和联想都是可以练习的，练习一段时间后，记忆任意随机数字都会很快。

注意，使用锁链法记忆的时候，两个相邻编码图像一定要连接，最好要接触并且产生联系。

二、故事法

我们小时候都看过许多童话故事，对那些故事记忆都非常深刻。因为好的故事中往往有特征鲜明的人物、有扣人心弦的情节、有喜怒哀乐的情感，代入感很强，很容易记住。所以，我们在记忆的时候也可以利用故事来增强记忆效果。

故事法，是指像编故事一样，把要记忆的信息按顺序编成一个生动、有趣的故事。

注意，运用故事法记忆信息的时候有两个要点。

1. 要简洁直接。编的故事要简洁，不要融入一些无关事物的想象，太复杂了就会增加记忆负担。

2. 要生动有趣。编的故事越是生动有趣、越是夸张奇特，印象就越深刻。

★　故事法记忆实战：记住圆周率小数点后的第31～60位。

5028841971 6939937510 5820974944

同样，我们可以根据数字编码表，将数字两位数两位数地进行划分，一一转化成图像，然后再用故事法记忆。

1. 划分出图：将要记忆的长串数字两两划分并想象对应的编码图像。

50 → 五环；28 → 恶霸；84 → 巴士；19 → 药酒；71 → 鸡翼；

69 → 太极；39 → 三角板；93 → 旧伞；75 → 西服；10 → 棒球；

58 → 尾巴；20 → 香烟；97 → 酒旗；49 → 湿狗；44 → 蛇 。

2. 联想：运用故事法，将一个个数字编码按顺序编成一个故事，快速记下来。

比如，可以编这样一个故事：

五环（50）上吊着一个恶霸（28），恶霸跳到巴士（84）上面，结果一不小心摔伤了，他摔伤后去买药酒（19）擦伤口，然后去一个小摊吃烤鸡翼（71）补充能量。小摊旁边有一个身穿太极（69）服装的老人拿着三角板（39）在修旧伞（93），修完伞给一个穿着西服（75）的男人，这个男人去打棒球（10），结果打到了松鼠的尾巴（58）上，松鼠正在抽香烟（20），香烟的烟头点燃了酒旗（97），一只湿狗（49）过来烤火，看到有条蛇（44）就一口咬住了蛇。

对应的记忆图如下：

故事法记忆圆周率小数点后的第 31~60 位

3. 回忆：根据图像回忆还原数字。

按照超级记忆法万能公式的四个步骤：理解、出图、联想、回忆，我们在用图像联想法记住了数字之后，就可以开始回忆了。

请你对照上述联想记忆方案和辅助记忆图，重复记忆3~5遍，然后将数字默写在下方的横线上。

默写圆周率小数点后第31~60位：

就这样，我们用故事法快速记住了圆周率小数点后的第31~60位。

可以看到，故事法和锁链法一样，都需要对编码进行联想。所以初学者容易混淆，感觉两种方法区别不大，其实不然。

锁链法和故事法的区别在于：锁链法需要两两连接并接触，像锁链一样一环扣一环，强调的是画面感的接触，编码特征之间的联动。而故事法并不要求接触，编码之间的距离可以很远，只需要有内在的故事逻辑而且较为生动有趣就行。

总的来说，故事法更容易理解，也更容易学，而锁链法更强调画面的接触，图像记忆能力强大之后，不需要逻辑也能记住。你可以综合运用这两种方法。

三、定位法

定位法，是指通过物体或者地点空间等一些固定的位置，来记忆信息。

定位法也叫定桩法，它也是记忆宫殿法的一种，通过以熟记新的方式，把要记的新信息放到已知的、非常熟悉的空间位置上，建立起联系。

注意，运用定位法记忆信息的时候有三个要点。

首先，要提前找好地点。

其次，找的地点要符合"熟悉、有序、有特征"三大原则。熟悉和有特征方便记忆，而有序（如从左到右、从上到下、顺时针等）则方便进行定位。

最后，记忆的信息要跟地点产生连接。连接越紧密，记忆就越牢固。

★ 定位法记忆实战：记住圆周率小数点后的第61~100位。

5923 0781 6406 2862 0899
8628 0348 2534 2117 0679

使用定位法记忆需要提前准备好一系列的固定位置。然后，就可以基于数字编码，将数字按照两位数两位数地进行划分，一一转化成图像，再用定位法记忆。

1. 找一个有10个地点的物体。

首先，可以找一个物体作为定位的桩子。"桩子"可以理解为特别牢固的木头桩，上面可以系住东西（或记住知识）。

比如，可以选一辆自行车，40个数字，每个地点可以放两个数字编码，两两连接，即一个地点记忆4个数字，所以需要在自行车上找到10个位置。

第1个地点是自行车前篮。

第2个地点是自行车铃铛。

第3个地点是自行车刹车把手。

第4个地点是自行车前轮。

第5个地点是自行车脚踏板。

第6个地点是自行车坐凳。

第7个地点是自行车后凳。

第8个地点是自行车后轮。

第9个地点是自行车链条。

第10个地点是自行车脚撑。

定位法：自行车

请你对照上图，花几分钟时间按顺序记住以上10个地点。记熟之后，就可以用它来记忆数字了。

2. 划分出图：将要记忆的长串数字两两划分并想象对应的编码图像。

59 → 五角；23 → 耳塞；07 → 斧头；81 → 白蚁；64 → 螺丝；

06 → 手枪；28 → 恶霸；62 → 牛儿；08 → 眼镜；99 → 玫瑰；

86 → 八路；28 → 恶霸；03 → 弹簧；48 → 石板；25 → 二胡；

34 →凉拌三丝；21 → 鳄鱼；17 → 仪器；06 → 手枪；79→ 气球 。

3. 联想：运用定位法，将两个两个的数字编码跟10个地点依次连接，快速记住。

自行车的每一个地点，可以用来记忆4个数字。我们可以用自行车的第1~10个地点依次记住10组四位数。具体联想方式如下。

第1个地点是自行车前篮，对应的数字是5923。

连接方式：用五角（59）硬币买了一对耳塞（23）放到自行车前篮里。

第2个地点是自行车铃铛，对应的数字是0781。

连接方式：斧头（07）把车铃铛上的白蚁（81）给劈死了。

第3个地点是自行车刹车把手，对应的数字是6406。

连接方式：一颗螺丝（64）把手枪（06）钉在刹车把手上了。

第4个地点是自行车前轮，对应的数字是2862。

连接方式：一个恶霸（28）一拳把一头牛儿（62）打趴在前轮上。

第5个地点是自行车脚踏板，对应的数字是0899。

连接方式：一副眼镜（08）被戴在插在自行车脚踏板缝隙的一束玫瑰（99）上。

第6个地点是自行车坐凳，对应的数字是8628。

连接方式：坐凳上一个八路（86）用步枪把跪着的恶霸（28）枪毙了。

第7个地点是自行车后凳，对应的数字是0348。

连接方式：后凳上有一根弹簧（03）连接着一块石板（48），石板在左右跳动。

第8个地点是自行车后轮，对应的数字是2534。

连接方式：自行车后轮上卡着一把二胡（25），在"锯"一盘凉拌三丝（34）。

第9个地点是自行车链条，对应的数字是2117。

连接方式：链条上趴着一条凶猛的鳄鱼（21），一口咬住了仪器（17）。

第10个地点是自行车脚撑，对应的数字是0679。

连接方式：脚撑撑起变成一把手枪（06），开枪打破了一个气球（79）。

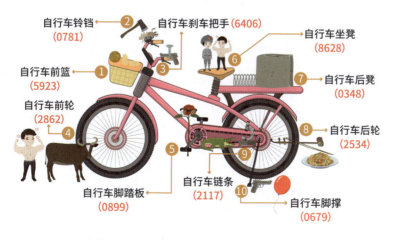

定位法记忆圆周率小数点后的第61~100位

就这样，我们把40个数字跟自行车上的10个地点进行了连接，之后就可以通过这10个地点依次回忆起这40个数字了。甚至，你还能记得第几个地点上的数字是什么。比如第6个地点是坐凳，上面有一个八路用步枪枪毙了恶霸，所以对应的数字就是8628。

如果对地点的位置很熟悉，通过除以4来进行数字的定位，也可以知道任意第几个数字是什么。比如这40个数字中的第21位是什么数字？21/4=5……1，余数是1。所以是第6个地点上的第一位数字，也就是8。

通过这样的方式，可以快速定位到每个地点上记忆的内容，也可以迅速反应到具体数量的第几个信息是什么，这就是定位法的神奇之处。

4. 回忆：根据图像回忆还原数字。

按照超级记忆法万能公式的四个步骤：理解、出图、联想、回忆，我们在用图像联想法记住了数字之后，就可以开始回忆了。

请你对照上述联想记忆方案和辅助记忆图，重复记忆3~5遍，然后将数字默写在下方的横线上。

默写圆周率小数点后的第61~100位：

_____

_____

就这样，我们用定位法快速记住了圆周率小数点后的第61~100位。

你刚接触到定位法的时候可能觉得有些复杂，为什么要先去记住10个地点，再用10个地点去记住40个数字呢，这不是舍近求远、更复杂了吗？还不如用锁链法或者故事法直接把这些数字记住呢。

其实，磨刀不误砍柴工。看上去用定位法好像多花了时间，但是定位法却是这三种方法中最强大的。

比起锁链法和故事法，定位法有三大优点。

1. 定位法记得快，不用花太多时间在串联上。因为定位法是一个地点记住两个编码，只需要两个编码之间进行连接，再放到地点上，不用思考过多的串联或者故事的逻辑，因此可以节省时间。

2. 定位法记得牢，不容易混淆。用锁链法和故事法记忆数字的时候，会有同一个两位数多次出现的情况，比如圆周率小数点后的1~30位中出现了好几次妇女、扇儿和气球，如果有很多编码重复就很容易混淆。而使用定位法即使出现重复编码的情况，由于这些编码在不同的地点上，所以更容易区分。

3. 定位法记得多，可以很方便地拓展地点数量。用锁链法和故事法记忆数字的时候，如果要记住更多数字，难度会很大，中途也很容易断掉。而定位法却可以一直拓展地点，只要地点够多，就可以记住足够多的信息。自行车是10个地点，可以记住40个数字。我们还可以在一个学校里面按顺序找一系列地点，比如在学校大门找10个地点，大门旁有一辆自行车可以找10个地点，在去教室的路上找10个地点，在教室里面找20个地点，总共就有50个地点，可以记住200个数字了。

所以，定位法是非常强大的方法，你一定要仔细去体会和掌握。提前准备记住一些地点，以后记忆的速度就很快。当然，定位法其实也是记忆宫殿法的一种，在后面"记忆宫殿"的相关章节中还会详细讲解。

第3节　不同长度类型的数字记忆实战

一、不同长度类型的数字记忆策略

我们在上一节中学习了数字记忆的神奇三法：锁链法、故事法和定位法，这三种方法可以记住较长的数字。而在实际的学习中，我们可能会碰到各种长度、各种类型的数字信息要去记忆，有时候还要把对应的中文信息也一起记住。

可以根据数字的长度和类型对数字信息进行划分，分为短数字、中长数字、超长数字和特殊数字这四类。

1. 短数字信息的记忆

在本书中，短数字是指长度为8个数字及以下的数字。比如历史年代、时间日期、重要数据等。

记忆短数字可以采用逻辑联想法、编码联想法和故事法。

★ 短数字记忆示例：记忆日本富士山的高度，约为12365英尺。

（1）逻辑联想法

通过观察发现，12365可以分为"12-365"，根据逻辑联想到一年的12个月和365天。那我们就可以联想：富士山很高，一年12个月的365天都有几英尺厚的积雪。

（2）编码联想法

划分为"12-36-5"，编码分别是"椅儿-山鹿-钩子"。我们就可以联想：椅儿上有一只山鹿一下子跳到富士山的山顶，被山顶的钩子勾住了。

（3）故事法

划分为"123-65"，65的编码是"礼物"。我们就可以联想：一二三，送你一个礼物，是去富士山山顶旅游参观的门票。

可以看到，记忆法是非常灵活的，同样一个内容，可以有多种记忆方法，你可以选择自己认为最合适的方法去记忆。

2. 中长数字信息的记忆

在本书中，中长数字是指长度为8~20个数字的数字。比如手机号码、座机号码、QQ号、银行卡号、身份证号等。

记忆中长数字可以采用锁链法、故事法和定位法。

比如，要记忆一个新朋友的手机号，怎样做到一遍记住呢？很简单，可以采用定位的方法。

手机号码通常有11位数字，第一个数字通常是1，可以不记。后面10个数字，可以找三个地点。第一个是嘴巴，记住一个编码，两位数字××；第二个地点是双手，记住两个编码，四个数字××××；第三个编码是双脚，记住两个编码，四个数字××××。所以再跟首位的数字1合起来就是11位数字1×× ×××× ××××。

比如，要记忆手机号码：177 7180 8743。

我们就可以联想，嘴巴里面咬着一个（1）机器（77）人，手里拿着一个奇异果（71）插到巴黎铁塔（80）上，一脚踢翻了插着白旗（87）的石山（43）。

手机号码的通用记忆方法

所以对应的手机号码就是177 7180 8743。

这种定位记忆方法可以记住任意手机号码。对100个数字编码越熟悉，记忆的速度越快。基本上看一遍或者听一遍就能记住。如果是同时要记住多个人的手机号，可以根据人物的外貌特征来进行定位联想。

3. 超长数字信息的记忆

在本书中，超长数字是指长度为20个数字以上的数字。比如圆周率小数点后的100位、世界记忆锦标赛中要记住1000个以上的数字等。

记忆超长数字，最通用也最有效的方法就是记忆宫殿法。更进一步地说，是地点记忆宫殿法（后面会详细讲解记忆宫殿法）。

4. 特殊数字信息的记忆

在本书中，特殊数字是指小数、分数及带根号等特殊形式的数字。

记忆特殊数字可以采用分组法、整体法和数字编码法，根据符号和数字的情况来分组记忆。

（1）小数的记忆

对于小数的记忆，可以使用分组法和整体法。

分组法是指，分别记忆小数点前的数字和小数点后的数字。

整体法是指，整体记忆全部数字，然后记忆小数点的位置。

例1：记忆地球重力加速度：$g=9.8 \text{m/s}^2$。

98的编码是球拍。我们可以联想，手上拿着的球拍（98）一松手就会受到地球引力掉到地上，球拍中间还有个黑色的点（.）。

例2：记忆质子和电子的电荷$e = 1.602176634 \times 10^{-19}\text{C}$。

提取关键数字，进行分组："160 217 6634"和"-19"，由于科学记数法小数点前面只保留一个个位数，所以可以联想记忆，用（1）个榴梿（60），（2）个仪器（17），顺利（66）测出电荷量后去吃凉拌三丝（34），吃完发现身上很重，原来背上背负着一大瓶药酒（-19）。

（2）分数的记忆

对于分数的记忆，也可以使用分组法。

分数的记忆比较简单，具体的分组规则是：上下分组，中间隔开。

比如记忆，11/42和21/31。就可以联想是一根筷子垂直向下插入一个柿儿，以及一条小鳄鱼在一条大鲨鱼的背上（因为通常分母比分子大）。如果分子分母上的数字很长，就可以想象用桌子隔开，桌子上面是分子的数字串联记忆，桌子下面是分母的数字串联记忆。

分数的通用记忆方法

（3）根号数字的记忆

对于含根号数字的记忆，可以用分组法。根号可以编码成树根。

例：记忆黄金分割比——$\frac{\sqrt{5}-1}{2}$（近似值为0.618）

黄金分割比把一条线段分割为两部分，使其中一部分与全长之比等于另一部分与这部分之比，这个比值就是黄金分割比。利用黄金分割会让建筑和雕塑更具美感。如果设黄金分割比为x，那么由定义得：$x:1=(1-x):x$，化简得到，$x^2+x-1=0$。再由一元二次方程的求根公式计算可以得到$x=\frac{\sqrt{5}-1}{2}$。

如果每次都计算一遍会花很多时间，我们可以直接用记忆法记住，以节省时间。

这是一个涉及分数、根号和小数的记忆，记忆起来也不难。先记忆小数0.618，主要记忆数字618，联想到京东618购物节，$\frac{\sqrt{5}-1}{2}$可以拆分成$\frac{\sqrt{5}}{2}$和$\frac{1}{2}$。

那就可以联想：在京东618购物节（0.618）上，买了一个有黄金分割比的雕塑，雕塑的手上缠绕着树根（$\sqrt{5}$），手突然一分为二（$\frac{\sqrt{5}}{2}$），又减少了一半（$\frac{\sqrt{5}}{2}-\frac{1}{2}$）。

用这样的方式很快就能记住了。

当然，我们也可以根据逻辑进行联想，$5-1=4$，而2的平方刚好是4，所以黄金分割比的分子是$\sqrt{5}-1$，分母是$\sqrt{4}$，也就是2。

二、更多数字记忆实战

学到这里，相信你已经对不同类型的数字记忆方法都了然于胸了，现在我们来看更多数字记忆的示例，帮大家更深入地进行理解。

注意，记忆法是非常灵活的。我们学了很多种记忆方法，对于同一个内容，你完全可以用不同的记忆方法。

1. 记忆历史年代

（1）618 年，唐高祖李渊建立唐朝。

记忆：京东618购物节，买了一本《唐诗三百首》。

（2）960 年，宋太祖赵匡胤建立宋朝。

记忆：买了一筐9个榴梿（960）送（宋）给朋友。

（3）1271 年，元世祖忽必烈建立元朝。

记忆：坐在椅儿（12）上，忽然把圆圆的（元）奇异果（71）撕裂（烈）。

（4）1368 年，明太祖朱元璋建立明朝。

记忆：明太医（13）拿着大喇叭（68）大喊病人。

（5）1636 年，清太宗皇太极建立清朝。

记忆：清朝宫廷剧里面有的人演技一流（16），有的人演技三流（36）。

（6）1857 年，印度民族大起义。

记忆：印度人民拿着一把（18）武器（57）开始起义。

注意，上述主要是记住历史年代，人物相对来说比较简单，对于不熟悉的中文，你也可以在一起串联记忆，提取关键字作为回忆线索。比如，9个榴梿（960）放在一个筐（匡）子里，送（宋）给一个老太太，所以是宋太祖赵匡胤。

2. 记忆地理数值

（1）世界上最长的河流是尼罗河，长度为 6670 公里。

记忆：尼罗河里面有一个粘了泥的螺蛳，流啊流（66），流到了河流末端吃了一个冰激凌（70）。

（2）世界上最大的海是珊瑚海，面积是 479.1 万平方公里。

记忆：最大的海上有一片巨大的红色珊瑚，海面上升起了四个（4）气球（79）

还落下了一点水（.1）。

（3）海洋约占地球表面积的 71%，陆地约占地球表面积的 29%。

记忆：海洋上飘着一个奇异果（71%）滚来滚去，陆地占比自然就是100%－71%=29%。

（4）东西半球分界线为：西经20°、东经160°。

记忆：爱你（20）就去西天取经（西经20°），东经的经度数自然就是180°－20°=160°。

3. 记忆物理数值

（1）声音在空气（15℃）中的传播速度是 340m/s。

记忆：一只鹦鹉（15）对着空中说：我要吃凉拌三丝（34）炒鸡蛋（0）。或者联想记忆，鹦鹉边飞边说"酸死你"（340）。

（2）真空中的光速为：299792458m/s。

记忆：二舅舅（299）买了一个气球啊（792），是（4）给我的吧（58）。

（3）第一宇宙速度：7.9km/s（物体在地面附近绕地球做匀速圆周运动的速度）；第二宇宙速度：11.2km/s（物体脱离地球引力的速度）；第三宇宙速度：16.7km/s（物体脱离太阳系的速度）。

记忆：一个中间有黑点的热气球（79）绕着地球匀速转动（7.9km/s）；两只小不点的鹅（.2）踩着高跷（11）跳出了地球（11.2km/s）；酸（三）石榴（16）一小口（.）把太阳吃（7）了（16.7km/s）。

很多学科都需要记忆数据信息，掌握方法后就能记得又快又牢固。

第5章 打造超强记忆宫殿

记忆宫殿是非常强大的记忆方法，也是记忆大师的秘密绝招。
本章讲解记忆宫殿的原理和实战，手把手带你搭建起自己的记忆宫殿。

第1节　手把手教你打造记忆宫殿

一、什么是记忆宫殿

记忆宫殿起源于古罗马时代，是一种非常强大、非常实用的记忆方法。

要想记忆力突飞猛进，远超大部分人，就一定要学会使用记忆宫殿的方法。笔者能三天背完一整本雅思单词书，并且做到记住任意页码中的第几个单词是什么，用的就是加强版的记忆宫殿的方法。那到底什么是记忆宫殿呢？

记忆宫殿就像在大脑里面建立了一个用来存储和记忆的空间。记忆宫殿又可以叫作"地点法""定桩法""定位法""挂钩法""位置法""路线法""古罗马房间法""心智漫步"。

本质上，记忆宫殿就是一系列熟悉的、有顺序的、有特征的地点、空间、场景等事物（请把这句话读三遍，并在后续的内容中仔细体会）。

我们可以把要记忆的知识跟记忆宫殿的地点建立起联系，这样就可以记住大量知识甚至记住一整本书的内容，而且可以记得又多又牢又久！

其实，具体来说，记忆宫殿利用了大脑对空间位置的记忆效果好这一特性。当我们用熟悉的空间位置去依次记住不熟悉的新知识时，就能够使短时记忆（新知识）跟长时记忆（熟悉的空间位置）绑定在一起。记忆完毕后，通过依次回忆熟悉的空间位置，就能够回想起在每个空间位置上记住的信息，甚至还能做到记住顺序，效果非常好！

二、记忆宫殿的三大原则

那怎样打造一个强大、好用的记忆宫殿呢？需要满足三大原则：熟悉、有序、有特征。

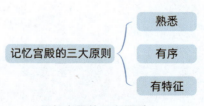

记忆宫殿的三大原则

（1）原则一：熟悉

一定要找自己熟悉的事物当作记忆宫殿，因为熟悉的事物更容易记住。比如可以在自己的家（客厅、卧室、厨房）、学校、办公室等地方找地点。如果在不熟悉的地方找记忆宫殿，找完之后就要多复习，直到非常熟悉。

（2）原则二：有序

一定要按照顺序找地点，因为这样可以有顺序地记忆并有顺序地回忆。比如，我们可以按照从左到右、从上到下或者顺时针、逆时针等顺序找地点。因为人眼看东西已经习惯了从左到右、从上到下的顺序。这样记忆更方便。

（3）原则三：有特征

一定要找有特征的地点，因为有特征的地点更容易连接起来，记忆更牢固。

三、记忆宫殿搭建示例

1. 打造记忆宫殿的步骤

基于熟悉、有序、有特征的三大原则，我们可以按照以下四步打造记忆宫殿。

第1步：找一个自己熟悉的地方。

第2步：按照一定的顺序制定路线。

第3步：沿着这条路线找到一些有特征的地点或事物。

第4步：按顺序回忆地点。

2. 打造记忆宫殿示例

按照以上步骤，我们可以在卧室中找到一个有10个地点的记忆宫殿，如下图所示。

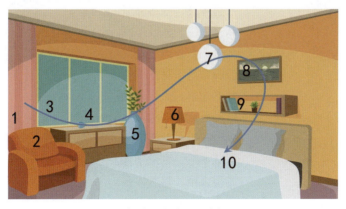

打造记忆宫殿示例

这10个地点分别是：

1.窗帘	2.沙发	3.窗户	4.杯子	5.花瓶
6.床头灯	7.顶灯	8.墙画	9.书架	10.床

就这样，我们找到了一个有10个地点的记忆宫殿。按照熟悉、有序、有特征的原则，找完一个记忆宫殿后，一定要在脑海中按顺序不断回忆记忆宫殿的各个地点，直到能熟练有序地想出每个地点的画面和特征。

另外，除了熟悉、有序、有特征三大原则外，找地点记忆宫殿还要注意以下两点。

第一，找的地点要简单，大小要合适。地点不能太复杂以免记不住；地点不能太小，不好放东西；地点也不能太大，浪费了空间。

第二，找的地点要距离适中。地点之间不要距离太近，否则记忆的信息太"挤"；距离也不要太远，否则会影响地点之间的切换速度。

四、记忆宫殿实战

找到记忆宫殿并熟悉之后，就可以运用记忆宫殿记忆信息了。

比如，我们可以用记忆宫殿快速记忆《千字文》。《千字文》是著名的儿童启蒙读物，全文由1000个完全不重复的汉字组成（简体中文版有990余相异汉字），对仗工整，如下所示（节选）。

《千字文》周兴嗣

天地玄黄，宇宙洪荒。

日月盈昃，辰宿列张。

寒来暑往，秋收冬藏。

闰余成岁，律吕调阳。

云腾致雨，露结为霜。

金生丽水，玉出昆冈。

剑号巨阙，珠称夜光。

果珍李柰，菜重芥姜。

海咸河淡，鳞潜羽翔。

龙师火帝，鸟官人皇。

……

我们可以按照记忆文章的步骤，先通读理解全文，划分层次结构，再联想出图并回忆。跟之前不同的是，在联想出图的时候，我们采用地点记忆宫殿来记忆。

第1步：通读文章，理解重点字词。

首先，把上述节选段落读一遍，弄清楚每个重点字词的意思。

（1）玄：黑色。

（2）洪荒：无边无际、混沌蒙昧的状态，指远古时代。

（3）盈：月光圆满。

（4）昃（zè）：太阳西斜。

（5）宿（xiù）：天空中某些星的集合体。

（6）闰余：月亮圆缺12个月的时间与地球绕太阳一周的时间差额。

（7）岁：年。

（8）律吕：律管和吕管，中国古代用来校定音律的设备，相当于现代的定音器。

（9）丽水：即丽江，又名金沙江，出产黄金。

（10）昆冈：昆仑山。

（11）号：名称。

（12）巨阙（què）：宝剑名。

（13）李奈（nài）：两种水果，李子和奈子。

（14）芥姜：芥菜和生姜。

（15）龙师：相传伏羲氏用龙给百官命名，因此叫他"龙师"。

（16）火帝：神农氏用火给百官命名，因此叫他"火帝"。

（17）鸟官：少昊氏用鸟给百官命名，因此叫他"鸟官"。

（18）人皇：传说中的三皇之一。

第2步：理解全文意思，理清文章结构。

节选段落从宇宙星辰，讲到季节气象变化，再讲到山水宝物、水果蔬菜、鱼鸟及帝皇官员，从远到近，从大到小，结构很清晰。

参考的译文如下：

（1）天是青黑色的，地是黄色的，宇宙形成于混沌蒙昧的状态中。

（2）太阳正了又斜，月亮圆了又缺，星辰布满在无边的太空中。

（3）寒暑交替变换，秋天收割庄稼，冬天储藏粮食。

（4）把积累数年的闰余并成一个月放在闰年里，用律管和吕管来调节阴阳。

（5）云气上升遇冷就形成了雨，露水遇冷凝结成霜。

（6）黄金产在丽水，玉石出在昆仑山岗。

（7）最锋利的宝剑叫"巨阙"，最贵重的明珠叫"夜光"。

（8）水果里最珍贵的是李子和奈子，蔬菜中最重要的是芥菜和生姜。

（9）海水咸，河水淡，鱼儿在水中潜游，鸟儿在空中飞翔。

（10）龙师、火帝、鸟官、人皇，都是上古时代的帝皇官员。

第3步：联想出图，依次与记忆宫殿中的地点进行连接。

《千字文》总共1000个字，每句8个字，每句话我们都可以用记忆宫殿中的一个地点来记忆。具体记忆如下。

第1个地点是窗帘，记忆的第1句话是"天地玄黄，宇宙洪荒"。

记忆方式：想象窗帘上有黑色的天和黄色的地，中间还有一片混沌的宇宙。

第2个地点是沙发，记忆的第2句话是"日月盈昃，辰宿列张"。

记忆方式：想象太阳和月亮映照在沙发上，它们都在运动，很多星星也排列整齐。

第3个地点是窗户，记忆的第3句话是"寒来暑往，秋收冬藏"。

记忆方式：想象窗外一会儿下雪，一会儿出太阳，窗台上还堆着秋天收割的粮食。

第4个地点是杯子，记忆的第4句话是"闰余成岁，律吕调阳"。

记忆方式：闰余联想到月亮，"律"联想音律，"吕"联想到吕布。我们就可以想象，在月光下，吕布在敲杯子调整音律。

第5个地点是花瓶，记忆的第5句话是"云腾致雨，露结为霜"。

记忆方式：想象云上升后有雨落在花瓶里的植物上，露水在花瓶的瓶壁上结成了霜。

第6个地点是床头灯，记忆的第6句话是"金生丽水，玉出昆冈"。

记忆方式：想象床头灯罩上搁着从丽水生产的黄金，灯的底座旁有从昆仑山挖出来的玉石，堆在一起，加固底座。

第7个地点是顶灯，记忆的第7句话是"剑号巨阙，珠称夜光"。

记忆方式：想象拿着一把非常锋利的宝剑砍顶灯上巨大的麻雀（"巨阙"谐音"巨雀"），结果劈开灯发现里面有一颗夜明珠。

第8个地点是墙画，记忆的第8句话是"果珍李柰，菜重芥姜"。

记忆方式：想象墙画中画了果树，树上有李子和柰子等水果，伸到白色的墙面上，并且在果树下面种了芥菜和生姜。

第9个地点是书架，记忆的第9句话是"海咸河淡，鳞潜羽翔"。

记忆方式：想象书架里面自有一片小天地——有海有河在流动，水里有鱼儿潜游，天空中还有鸟儿在飞翔。

第10个地点是床，记忆的第10句话是"龙师火帝，鸟官人皇"。

记忆方式：想象床很舒服，这四个帝皇官员躺在上面，或者联想床上有龙在喷火，喷向一个长了翅膀的鸟人。

第4步：重复记忆，回忆测试。

最后，根据地点记忆宫殿重复记忆这个段落，直到熟练之后，可以进行回忆练习。

就这样，我们用卧室这个地点记忆宫殿快速记住了《千字文》的节选部分。你可以对照上述文字和地点记忆宫殿的图像进行想象和复习，想象的画面越清晰，记忆就越牢固。

熟悉这种方法之后，用地点记忆宫殿记忆文章或文言文有一个特别大的好处，就是背诵时不容易中断，因为每句话都跟我们熟悉的地点进行了连接。

当然，我们现在是把每一句话的含义的画面都跟地点进行连接，如果觉得有的句子比较简单，熟悉之后，一句只用提取一个关键词就行了。

比如想象第1个地点窗帘对应句首的"天"字，想象窗帘上有一片天，下次一想到窗帘就会马上回忆起"天地玄黄，宇宙洪荒"。同样的道理，第10个地点是床，如果对第10句比较熟，就只用联想句子的首字"龙"。想象床上有一条龙，然后就能快速回想起"龙师火帝，鸟官人皇"。这就好像每次背古诗或背课文的时候，有同学在旁边给你提醒下一句的第一个字，你就很容易回忆起后面的内容。这也是地点记忆宫殿的好处。

另外，初学者用地点记忆宫殿记忆文章的时候容易有两个误区。第一是感觉记忆地点太麻烦了，而且不太好联想。第二是用地点联想担心会把文章的意思和结构割裂开，不利于对文章的理解。

大家有这样的困惑也完全不用担心，第一个地点使用的问题，熟练之后就没这个问题了，只是需要练习。第二个问题也不用担心，我们用记忆宫殿去记忆文章完全不会影响理解。因为我们是在理解和分层的基础上，再用记忆宫殿记忆文章的，只会记得更快更牢，而不会影响对文章的理解。还是那句话，聪明的人是会融会贯通的，也希望你能够体会和掌握这种方法。

如果对地点记忆宫殿感兴趣，你也可以亲身在线下空间（比如自己的家里）找一个由25个或30个地点构成的地点记忆宫殿。

第 2 节　地点记忆宫殿秒记天文数字

一、地点记忆宫殿记数字方法

上一节讲了用地点记忆宫殿记忆《千字文》，其实地点记忆宫殿可以记住各类知识。最强大脑的记忆选手和世界记忆大师能够做到看一遍或者听一遍就记住几十甚至几百个超长的数字，用的就是地点记忆宫殿。你掌握该方法后也可以做到速记天文数字。

用地点记忆宫殿记忆数字具体的方法是：一个地点放2个编码，4个数字，编码两两连接并跟地点连接。如果记忆的数字是奇数，多出来的一个数字就用0~9的单数字编码记忆。

二、用地点记忆宫殿记圆周率小数点后的前 100 位数字

在数字超级记忆法的章节中，我们运用数字记忆神奇三法快速记住了圆周率小数点后的前100位。其实，当时记忆后40位用到的自行车就是一个地点记忆宫殿。

对于记忆大量数字，最好的方法就是地点记忆宫殿，因为地点是可以拓展的，而且记忆速度很快。

现在我们来用地点记忆宫殿记住圆周率小数点后的前100位，你也可以体会地点

记忆宫殿与锁链法、故事法的区别。

★ 地点记忆宫殿记忆实战：记住圆周率小数点后的前100位。

比如我们现在用地点记忆宫殿记住以下100位数字（圆周率小数点后100位）。

$$1415 \quad 9265 \quad 3589 \quad 7932 \quad 3846$$
$$2643 \quad 3832 \quad 7950 \quad 2884 \quad 1971$$
$$6939 \quad 9375 \quad 1058 \quad 2097 \quad 4944$$
$$5923 \quad 0781 \quad 6406 \quad 2862 \quad 0899$$
$$8628 \quad 0348 \quad 2534 \quad 2117 \quad 0679$$

使用地点记忆宫殿需要提前准备好一个地点空间。总共100个数字，一个地点可以放2个编码，记忆4个数字，所以总共需要25个地点。

（1）找一个有25个地点的地点记忆宫殿

通常来说，我们对自己家里的房间都是非常熟悉的，那就可以在家里找一个地点记忆宫殿。比如在房间，按照熟悉、有序、有特征的三大原则来找地点，示例图如下。

有25个地点的卧室记忆宫殿

这组记忆宫殿的地点依次是：

1.门	11.床头	21.百叶窗
2.衣柜板	12.枕头	22.窗户玻璃
3.挂衣杆	13.被子	23.仙人球
4.衣架	14.床底	24.洒水壶
5.白T恤	15.地毯	25.窗户缝
6.空调顶	16.显示器	
7.空调出风口	17.键盘	
8.床头灯	18.音箱	
9.闹钟	19.主机	
10.抽屉	20.旋转椅	

以上25个地点，你可以花几分钟时间回忆几遍，确保自己记熟了，再往下看。

（2）把数字按照4个一组的方式依次放在记忆宫殿的各个地点上

熟记这25个地点之后，就可以用它们来记忆数字了。每个地点可以记住4个数字，你可以对照记忆宫殿的图来想象下列的记忆内容。

地点1：门——1415。

记忆：钥匙（14）打开了门，飞进来一只鹦鹉（15）。

地点2：衣柜板——9265。

记忆：一个球儿（92）砸翻了衣柜板上的礼物（65）。

地点3：挂衣杆——3589。

记忆：一只山虎（35）站在挂衣杆上喝白酒（89），醉得走不稳了。

地点4：衣架——7932。

记忆：衣架中间卡着一个气球（79），气球下面还系着一把扇儿（32）。

地点5：白T恤——3846。

记忆：一个妇女（38）卷起白T恤装饲料（46）。

地点6：空调顶——2643。

记忆：空调顶上有一条河流（26）在冲死神（43）。

地点7：空调出风口——3832。

记忆：一个妇女（38）冲着空调出风口吹风，觉得还不够凉快，拿着一把扇儿（32）扇。

地点8：床头灯——7950。

记忆：一个气球（79）爆炸发射出一个五环（50），把床头灯的灯罩打破了。

地点9：闹钟——2884。

记忆：闹钟一响，一个恶霸（28）去追巴士（84）。

地点10：抽屉——1971。

记忆：抽屉里面的一瓶药酒（19）洒在鸡翼/奇异果（71）上。

地点11：床头——6939。

记忆：一个身穿太极（69）服装的老人站在床头挥舞着三角板（39）。

地点12：枕头——9375。

记忆：打着旧伞（93）的穿西服（75）的男人在枕头上跳来跳去。

地点13：被子——1058。

记忆：一根棒球棒（10）压住松鼠的尾巴（58），松鼠逃脱不了。

地点14：床底——2097。

记忆：床底下的一根香烟（20）把酒旗（97）点燃了。

地点15：地毯——4944。

记忆：一条湿狗（49）咬住了地毯下的蛇（44）。

地点16：显示器——5923。

记忆：用五角（59）硬币买了显示器上的耳塞（23）。

地点17：键盘——0781。

记忆：一把斧头（07）砍死了键盘缝隙里的白蚁（81）。

地点18：音箱——6406。

记忆：一个螺丝（64）把手枪（06）钉在音箱的正中间。

第5章

地点19：主机——2862。

记忆：一个恶霸（28）一拳把一头牛儿（62）打趴在主机上。

地点20：旋转椅——0899。

记忆：一副眼镜（08）戴在玫瑰（99）上，整体被放在了旋转椅上。

地点21：百叶窗——8628。

记忆：一个八路（86）趴在百叶窗上用步枪枪毙了恶霸（28）。

地点22：窗户玻璃——0348。

记忆：一个强劲的弹簧（03）把石板（48）弹射出去，石板打破了窗户玻璃。

地点23：仙人球——2534。

记忆：用二胡（25）把仙人球上的刺"锯"下来做凉拌三丝（34）。

地点24：洒水壶——2117。

记忆：洒水壶在冲洗鳄鱼（21）的背，鳄鱼还咬着一个仪器（17）。

地点25：窗户缝——0679。

记忆：窗户缝里卡着一把手枪（06），手枪发射出一颗子弹打爆了气球（79）。

就这样，我们用上述有25个地点的记忆宫殿快速记住了圆周率小数点后的前100位。

用这种方法可以轻松做到正背、倒背和抽背。

正背就是按照顺序回忆每个地点上的数字编码图像；倒背就从最后一个地点根据编码图像还原成倒着的数字；抽背就是问任意第几位数字是什么，方法是将这个数字除以4，根据商和余数来进行定位。

比如第42位数字是什么，42/4=10……2，所以是第11个地点的第2位数字。第11个地点是床头，上面是有个身穿太极服装的老人挥舞着三角板，数字是6939，所以第42位数字就是9。

当然，这个有25个地点的卧室记忆宫殿也可以用来记忆其他信息，你也可以在线下空间实地找属于自己的地点记忆宫殿，地点数量越多，能够记住的内容也就越多。经过一段时间的训练后，你对地点记忆宫殿的应用就会更熟练。

第6章 记忆宫殿进阶

记忆宫殿有很多种类型。本章讲解多种进阶记忆宫殿，以及万事万物记忆宫殿和记忆整本书的方法，让你成为记忆高手。

身体记忆宫殿
人物记忆宫殿
数字记忆宫殿
标题记忆宫殿
万事万物记忆宫殿
如何记忆整本书

第1节 身体记忆宫殿

一、什么是身体记忆宫殿

前面讲到，记忆宫殿是一系列熟悉的、有顺序的、有特征的地点、空间、场景等事物。其实本质上记忆宫殿就是一个定位系统，通过固定的位置来记忆知识。

根据定位系统的不同，记忆宫殿又可以分为很多种类型，比如地点记忆宫殿、身体记忆宫殿、人物记忆宫殿、数字记忆宫殿、标题记忆宫殿和万事万物记忆宫殿。

之前我们已经学过了地点记忆宫殿，现在来一一学习其他类型的记忆宫殿。

什么是身体记忆宫殿呢？

身体记忆宫殿就是把身体的各个部位当作记忆宫殿。将熟悉的身体部位当作定位的"地点"或者"挂钩"，构建定位系统。

比如，可以按照熟悉、有序、有特征的三大原则，在身体上按照从上到下的顺序依次找到12个部位，如下图所示。你也可以用自己的身体部位当作记忆宫殿。

1．头发
2．耳朵
3．眼睛
4．鼻子
5．嘴巴
6．脖子
7．肩膀
8．双手
9．肚子
10．屁股
11．小腿
12．双脚

身体记忆宫殿

第6章

请你花几分钟的时间，对照上图将这12个身体部位记牢。

注意，当记忆宫殿的地点或者部位比较多的时候，可以将5个作为一个小组，复习一下。比如，对于身体记忆宫殿中的第5个部位（嘴巴）和第10个部位（屁股），要重复强化，之后也方便自己在回忆的时候快速定位。

二、身体记忆宫殿记忆实战

谈到十二星座，很多人都知道自己是什么星座的。可是如果我让大家一口气把所有星座按顺序背出来，恐怕大家未必能做到，更不用谈去记住日期了。但是，用记忆宫殿就会很简单。比如，我们可以用身体记忆宫殿来记住十二星座及其日期。

十二星座及其对应的出生日期如下：

1. 白羊座（3月21日—4月19日）　　2. 金牛座（4月20日—5月20日）

3. 双子座（5月21日—6月21日）　　4. 巨蟹座（6月22日—7月22日）

5. 狮子座（7月23日—8月22日）　　6. 处女座（8月23日—9月22日）

7. 天秤座（9月23日—10月23日）　8. 天蝎座（10月24日—11月22日）

9. 射手座（11月23日—12月21日）　10. 摩羯座（12月22日—1月19日）

11. 水瓶座（1月20日—2月18日）　12. 双鱼座（2月19日—3月20日）

注：白羊座排第一是因为黄道十二星座的第一宫就是白羊座。

我们可以用身体记忆宫殿快速记住十二星座，12个身体部位刚好对应12个星座，所以用每个身体部位正好能记住一个星座。我们可以用中文记忆章节中讲到的"配对联想法"直接进行配对联想记忆，而日期就是数字，可以用数字编码来记忆。

参考的记忆方法如下。

1. 头发——白羊座（3月21日—4月19日）

记忆：三二一（3.21），发令枪一响，一只白羊在头上奔跑被头发缠住摔倒了，四条腿擦了4瓶药酒（4.19）才好。

2. 耳朵——金牛座（4月20日—5月20日）

记忆：耳朵上戴着一对金牛形状的耳环，一个人在左耳朵旁说"是爱你"（4.20），在右耳朵旁说"我爱你"（5.20）。

身体记忆宫殿记忆十二星座

3. 眼睛——双子座（5月21日—6月21日）

记忆：一双眼睛看到两个小孩子用手拍鳄鱼，一个小孩子说："我拍死了一条鳄鱼（5.21），你很牛，也拍死了一条鳄鱼（6.21）。"

4. 鼻子——巨蟹座（6月22日—7月22日）

记忆：鼻子被巨蟹的形状像6的钳子夹住了，巨蟹说："饿饿（6.22），吃了还是饿饿（7.22）。"

5. 嘴巴——狮子座（7月23日—8月22日）

记忆：狮子大张口，吃了一个巨大的耳塞（7.23），不饿饿（8.22）了。

6. 脖子——处女座（8月23日—9月22日）

记忆：一个女孩把8个耳塞（8.23）串成一条项链戴在脖子上，刚忙活完就饿饿（9.22）了。

7. 肩膀——天秤座（9月23日—10月23日）

记忆：肩膀像天秤一样平，左右两边放的东西就（9）是（10）耳塞（9.23-10.23）。

8. 双手——天蝎座（10月24日—11月22日）

记忆：天上总有蝎子掉下来，手拿着棒球棒一天24小时（10.24）警戒，落下的天蝎排成两长条（11）去觅食，嘴里还说饿饿（11.22）。

9. 肚子——射手座（11月23日—12月21日）

记忆：射手用筷子夹着耳塞（11.23）射中了肚子，肚子里面的婴儿（12）受到惊吓身体颠倒（21）过来了（12.21）。

10. 屁股——摩羯座（12月22日—1月19日）

记忆：一屁股坐在接风的摩托车的椅儿上说饿饿了（12.22），十万火急，打119让消防员叔叔送吃的来（1.19）。

11. 小腿——水瓶座（1月20日—2月18日）

记忆：小腿被打破的水瓶烫伤了，赶紧打120叫救护车（1.20），再用两个腰包（2.18）把水瓶的碎片装起来。

12. 双脚——双鱼座（2月19日—3月20日）

记忆：双鱼亲吻双脚被臭晕了，给双鱼喝了两瓶药酒（2.19），三分钟后，双鱼醒来说："谢谢，爱你（3.20）。"

就这样，我们利用数字编码结合谐音法快速记忆了所有星座的日期。由于串记了多项内容，对出图和联想的要求较高。可以按照记忆万能公式的4个步骤重复记忆并回忆。

由于每个星座都是占了两个月份，所以记住了开始的月份，加上1就是结束的月份。而且前一个星座的结束日期和后一个星座的开始日期是连着的，根据这个逻辑也能够辅助记忆。

比如白羊座，3月21日—4月19日，记住了前面是3月，后面自然就是4月了。所以可以直接联想：三二一，白羊在头上奔跑，摔倒了去擦药酒，那截止日期自然就是4月19日。白羊座的下一个星座是金牛座，所以金牛座的开始日期就是4月19日的后一天，即4月20日。你也可以根据这个逻辑来加强或检验自己的记忆效果。

复习后，请把十二星座及其日期默写在下方横线上。

1.头发 → _____ ； 2.耳朵 → _____ ； 3.眼睛 → _____ ；

4.鼻子 → _____ ； 5.嘴巴 → _____ ； 6.脖子 → _____ ；

7.肩膀 → _____ ； 8.双手 → _____ ； 9.肚子 → _____ ；

10.屁股 → _____ ； 11.小腿 → _____ ； 12.双脚 → _____ 。

另外，如果对十二个身体部位的位置比较熟悉，我们还可以做到快速定位，知道第几个星座是什么。比如第5个、第9个星座分别是什么呢？第5个身体部位是嘴巴，狮子大张口，所以是狮子座；第9个身体部位是肚子，射手射中了肚子，所以是射手座。

当然，身体记忆宫殿也可以用来抢记其他内容，效果非常好。12个地点，如果每个地点记忆两个知识点，那就可以记住24个知识点。

一般来说，短时间内，同一个记忆宫殿可以使用2到3次。如果短期使用次数太频繁，可能会导致信息混淆。这时候就需要我们去拓展更多的记忆宫殿，用其他记忆宫殿去记忆了。

第2节　人物记忆宫殿

一、什么是人物记忆宫殿

和身体记忆宫殿一样，人物记忆宫殿也是非常好用的记忆宫殿，而且很容易掌握。

身体记忆宫殿是把身体部位当作记忆宫殿，而人物记忆宫殿就是把一系列的人物当作记忆宫殿。将熟悉的人物当作定位的"地点"或"挂钩"，构建定位系统。

比如，我们可以用一组熟悉的家庭成员来作为人物记忆宫殿，分别是爷爷、奶奶、爸爸、妈妈、哥哥、姐姐、弟弟、妹妹，如下图所示。

| 1. 爷爷 |
| 2. 奶奶 |
| 3. 爸爸 |
| 4. 妈妈 |
| 5. 哥哥 |
| 6. 姐姐 |
| 7. 弟弟 |
| 8. 妹妹 |

人物记忆宫殿

这8个家庭成员就构成了一个人物记忆宫殿。由于这8个人物是按照从长到幼、从男到女的逻辑顺序排列的，所以非常容易记忆。

我相信你读一两遍就能记住，不过只是记住还不够，我们还要会使用。记忆宫殿有三大原则：熟悉、有序、有特征，所以我们还要熟知每个家庭成员的人物特征。

比如，爷爷的特征是有智慧，额头上有皱纹；奶奶的特征是慈祥；爸爸的特征是成熟稳重；妈妈的特征是温柔；哥哥的特征是阳光帅气，或者聪明；姐姐的特征是细心、漂亮；弟弟的特征是调皮、机灵；妹妹的特征是可爱。

掌握了每个人物的性格特征和外貌特征，才能更好地用这些特征去记忆新知识。

另外，本书中给出的是卡通的人物记忆宫殿，你也可以使用自己真实的家庭成员的人物，觉得哪个更好用、更容易出图联想就用哪个。

二、人物记忆宫殿记忆实战

运用人物记忆宫殿的8个家庭成员，我们可以快速记住多项信息。

中国文化源远流长、博大精深，在上下五千年的历史长河中不仅留下了很多璀璨的文化瑰宝，也留下了很多名胜古迹。

假如，现在要你快速记住下表中列出的中国的十大名胜古迹：

1.万里长城	2.桂林山水	3.安徽黄山	4.杭州西湖	5.西安兵马俑
6.苏州园林	7.北京故宫	8.承德避暑山庄	9.长江三峡	10.台湾日月潭

怎样一下子快速记住它们呢？

我们可以使用人物记忆宫殿。不过，在身体记忆宫殿中，用12个身体部位记住了12个星座，可现在只有8个人物，却要记忆10个名胜古迹，多出来的两个名胜古迹要怎么处理呢？

其实在中文超级记忆的章节中，我们学过，一个题目对应一个答案时，可以用配对联想法，而当一个题目有多个答案的时候，可以用串联记忆法。

所以，可以这样规划使用人物记忆宫殿：从爷爷到弟弟总共7个人，正好记住前7个名胜古迹，第8个人物妹妹可以用串联记忆法记住第8~10个名胜古迹。具体的记忆方法如下。

人物记忆宫殿实战

第1个人物是爷爷，对应的名胜古迹是万里长城。

记忆方式：爷爷老当益壮，去爬万里长城。

第2个人物是奶奶，对应的名胜古迹是桂林山水。

记忆方式：奶奶退休了，喜欢游山玩水，尤其喜欢去桂林，因为桂林山水甲天下。

第3个人物是爸爸，对应的名胜古迹是安徽黄山。

记忆方式：爸爸高大挺拔，就像安徽黄山的黄山松；或者黄皮肤的爸爸，父爱如山。

第4个人物是妈妈，对应的名胜古迹是杭州西湖。

记忆方式：妈妈柔情似水，就像杭州西湖的水；或者母爱如水，不管东方西方，母爱都很伟大。

第5个人物是哥哥，对应的名胜古迹是西安兵马俑。

记忆方式：哥哥阳光帅气，志在当兵报国，去看了西安兵马俑就去当兵了。

第6个人物是姐姐，对应的名胜古迹是苏州园林。

记忆方式：姐姐很有爱心，在苏州园林给树木剪枝。

第7个人物是弟弟，对应的名胜古迹是北京故宫。

记忆方式：弟弟很调皮，在家里就像一个小皇帝，整天闹着要去北京故宫玩。

第8个人物是妹妹，对应的名胜古迹是承德避暑山庄、长江三峡、台湾日月潭。

记忆方式：妹妹最可爱但是最怕热，天气一热，父母就送她到承德避暑山庄去避暑三日（长江三峡、台湾日月潭）。

通过这样的方式，我们很快就记住了十大名胜古迹。和身体记忆宫殿一样，人物记忆宫殿也可以进行定位，如果提前知道妈妈是第四个人物，那么第四个名胜古迹就是杭州西湖，能让我们的反应速度变快。

还可以通过串联法记住这十大名胜古迹。比如可以联想：我去爬万里长城，满身大汗，于是跳到桂林山水去洗澡。洗澡的时候飘来一棵黄山松，我抓住松树的树干，结果它一下子带我飘到了西湖的断桥，但是我被卡住了。这时候湖底居然有一个强壮的兵马俑游上来把我救起来，作为报答，我带他到苏州园林和北京故宫玩了两天。最后太热了，我就去承德避暑山庄避暑三日（长江三峡、台湾日月潭）。

第6章

串联记忆法和记忆宫殿法都可以记住大量信息，你一定要仔细体会其区别。

1. 用记忆宫殿法记忆速度更快。比如使用人物记忆宫殿，对每个人物都很熟悉，直接将人物和记忆信息连接，5秒就能记住一个，不用考虑太多前后串联的逻辑。而使用串联记忆法时，对提取关键字和联想的能力要求很高，不一定能很快编出一个好的故事来。

2. 用记忆宫殿法记忆更牢固。比如人物记忆宫殿有回忆线索，可以定位，而串联法没有"定位"，记忆内容如果过多，一段时间后很容易忘记和混淆。

大家可以自己体会人物记忆宫殿法与串联记忆法的区别，在这个示例中，每处内容的文字并不长，所以联想能力强的话也能记住。但是碰到每个大知识点下面还有小知识点的时候，串联记忆的难度就显著增大了，而这时候使用人物记忆宫殿的记忆速度依然很快，不受太大影响。

使用人物记忆宫殿可以在短时间内抢记内容，对其掌握得越熟练，记忆的速度就越快。

需要注意的是，不要在短时间内重复使用身体记忆宫殿和人物记忆宫殿来记忆信息，以免混淆。可以积累自己的多个地点记忆宫殿或者用后面的标题记忆宫殿和万事万物记忆宫殿进行记忆。

第3节　数字记忆宫殿

一、什么是数字记忆宫殿

数字记忆宫殿就是把数字编码当作记忆宫殿。

把要记忆的信息跟熟悉的数字编码建立起联系，利用数字编码作为回忆线索，就能快速记住。

比如，我们在数字超级记忆章节学习了110个数字编码，那就可以用00~99共100个两位数数字编码作为数字记忆宫殿，也可以用0~9的10个单数字编码作为数字记忆宫殿。

利用数字记忆宫殿有一个很明显的好处，定位起来非常简单，因为数字本身就有顺序，所以比身体记忆宫殿和人物记忆宫殿的定位速度更快。

二、数字记忆宫殿记忆实战

在数字记忆章节中我们讲过，数字编码非常重要，一定要掌握。当你掌握了100个数字编码之后，就可以用数字记忆宫殿来记忆信息了。

比如，三十六计是我国古代36个优秀的兵法策略，也是中华民族著名的非物质文化遗产之一。我们可以利用数字记忆宫殿快速记住三十六计。

01.瞒天过海	10.笑里藏刀	19.釜底抽薪	28.上屋抽梯
02.围魏救赵	11.李代桃僵	20.浑水摸鱼	29.树上开花
03.借刀杀人	12.顺手牵羊	21.金蝉脱壳	30.反客为主
04.以逸待劳	13.打草惊蛇	22.关门捉贼	31.美人计
05.趁火打劫	14.借尸还魂	23.远交近攻	32.空城计
06.声东击西	15.调虎离山	24.假道伐虢	33.反间计
07.无中生有	16.欲擒故纵	25.偷梁换柱	34.苦肉计
08.暗度陈仓	17.抛砖引玉	26.指桑骂槐	35.连环计
09.隔岸观火	18.擒贼擒王	27.假痴不癫	36.走为上计

01的编码是小树，第1计是瞒天过海，形容用欺骗的手段蒙骗别人。

记忆方式：一棵小树（01）瞒着天过了海（瞒天过海）。

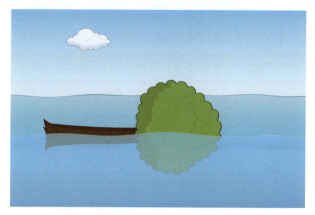

数字记忆宫殿实战："瞒天过海"

02的编码是铃儿，第2计是围魏救赵，即围攻魏国的都城以解救赵国。也借指用包抄敌人的后方来迫使对方撤兵的战术。

记忆方式：很多铃儿（02）围着魏国救赵国（围魏救赵）。

03的编码是弹簧，第3计是借刀杀人，比喻自己不出面，假借别人的手去害人。

记忆方式：借了一把弹簧（03）刀去杀人（借刀杀人）。

04的编码是小汽车，第4计是以逸待劳，指在战争中做好充分准备，养精蓄锐，等疲乏的敌人来犯时给予迎头痛击。

记忆方式：坐在小汽车（04）里闭目养神，以逸待劳，很安逸，一点也不疲劳。

05的编码是手掌，第5计是趁火打劫，指趁别人家失火的时候去抢东西。

记忆方式：趁别人家里着火，伸手（05）抢走了东西（趁火打劫）。

06的编码是手枪，第6计是声东击西，指表面上声称攻打东面，其实是攻打西面，以迷惑敌人。

记忆方式：拿手枪（06）在东边开了一枪，实际上从西边攻击（声东击西）。

07的编码是斧头，第7计是无中生有，指本来没有却硬说有，比喻凭空捏造。

记忆方式：本来没有木柴，拿一把斧头（07）去砍柴就有了（无中生有）。

08的编码是眼镜，第8计是暗度陈仓，指暗中进行活动。

记忆方式：戴着夜视眼镜（08）暗地里去陈旧的仓库偷粮食（暗度陈仓）。

09的编码是猫，第9计是隔岸观火，指对处于危难的人不援救而在一旁看热闹。

记忆方式：一只猫（09）坐在岸上看对岸的大火（隔岸观火）。

10的编码是棒球，第10计是笑里藏刀，指外表和气而内心阴险。

记忆方式：有人拿着棒球棒（10）笑着走过来，没想到背后还藏了一把刀（笑里藏刀）。

注意，当记忆大量内容时，可以记忆一部分就回忆，及时回忆可减少遗忘，从而增强记忆效果。比如记忆完前10计就停下来复习回忆，记熟之后再继续记忆后面的计策。

请你现在回忆、复习第1~10计。

11的编码是筷子，第11计是李代桃僵，指李子树代替桃树而死，用小的代价换取大的胜利的谋略。

记忆方式：用筷子（11）夹了一个李子，代替桃子将李子吃掉（李代桃僵）。

12的编码是椅儿，第12计是顺手牵羊，比喻趁机拿走别人的东西。

记忆方式：椅儿（12）上系着一只羊，被人顺手就牵走了（顺手牵羊）。

13的编码是医生，第13计是打草惊蛇，打草时惊动了藏在草里的蛇。比喻做事不周密，使对方有了警觉和防范。

记忆方式：医生（13）拿着注射器打草，结果惊动了草中的蛇（打草惊蛇）。

14的编码是钥匙，第14计是借尸还魂，魂魄附在别人的尸体上复活过来。比喻已经消亡的事物又借助其他形式出现。

记忆方式：用钥匙（14）打开一口棺材，让里面的尸体复活（借尸还魂）。

15的编码是鹦鹉，第15计是调虎离山，指设法使老虎离开山林。比喻用计谋使对方离开原来的地方，以便乘机行事。

记忆方式：一只巨大的鹦鹉（15）抓住老虎飞起来，把老虎吊着离开了山林（调虎离山）。

16的编码是石榴，第16计是欲擒故纵，指要捉住某人，故意先放开他，让他放松戒备。比喻为了进一步进行控制，先故意放松一步。

记忆方式：抓对方的时候，先给他一个石榴（16）让他跑一段，再突然把一个石榴砸过去，将他砸晕后再抓住他（欲擒故纵）。

17的编码是仪器，第17计是抛砖引玉，抛出砖，引回玉。比喻用自己不成熟的意见或作品引出别人更好的意见或作品。

记忆方式：从一个仪器（17）里面抛出一块砖，却引回来了一块玉（抛砖引玉）。

18的编码是腰包，第18计是擒贼擒王，指作战时要先把敌方的主力摧毁，先俘虏其领导人，就可以瓦解敌人的战力。比喻做事要抓关键。

记忆方式：冲到敌军大王面前，用腰包（18）盖住大王捉走他（擒贼擒王）。

19的编码是药酒，第19计是釜底抽薪，从锅底抽掉柴火，使水停止沸腾。比喻从根本上解决问题。

记忆方式：药酒（19）在锅里煮沸了，要抽掉锅底下的木柴（釜底抽薪）。

20的编码是香烟，第20计是浑水摸鱼，比喻趁混乱的时候从中捞取不正当的利益。当敌人混乱无主时，乘机夺取胜利的谋略。

记忆方式：一根香烟（20）把河水弄浑浊了，然后趁乱去摸鱼（浑水摸鱼）。

请你现在回忆、复习第11~20计。

21的编码是鳄鱼，第21计是金蝉脱壳，蝉变为成虫时要脱去幼年的壳。比喻用计脱身。

记忆方式：一条鳄鱼（21）去咬一只金色的蝉，结果只咬住了壳，蝉早就脱身逃走了（金蝉脱壳）。

22的编码是双胞胎，第22计是关门捉贼，关起门来捉进入屋内的盗贼。这是一种围困并歼灭敌人的计策。

记忆方式：一对双胞胎（22）发现家里有贼进来了，就把门关上，叫来父母一起捉贼（关门捉贼）。

23的编码是耳塞，第23计是远交近攻，指结交离得远的国家，进攻离得近的国家。这是秦国用以并吞六国、统一全国的外交策略。

记忆方式：想象耳塞（23）在古代是新颖的商品，长途跋涉向离得远的国家送很精致的耳塞以示友好，然后攻打离得近的国家（远交近攻）。

24的编码是闹钟，第24计是假道伐虢，虢（guó）是春秋时期的一个小国，晋国以借路为名，实际上要侵占该国。指先利用甲当跳板消灭乙，然后回过头再将甲一起消灭。

记忆方式：丁零丁零闹钟（24）响了，到时间了，要去借路打虢国（假道伐虢）。

25的编码是二胡，第25计是偷梁换柱，指用偷换的办法，暗中改变事物的本质和内容，以达到蒙混欺骗的目的。

记忆方式：偷走梁，用一个巨大的二胡（25）代替柱子（偷梁换柱）。

26的编码是河流，第26计是指桑骂槐，指着桑树骂槐树，指间接地训诫部下，以使其敬服的谋略。比喻表面上骂这个人，实际上骂的是另一个人。

记忆方式：指着桑树骂槐树（指桑骂槐），骂太多，口水都形成了河流（26）。

27的编码是耳机，第27计是假痴不癫，假装痴呆，其实并不疯癫，只是掩人耳目，另有所图。

记忆方式：一个人戴着耳机（27）乱唱乱叫好像很痴呆，但事实上他一点儿也不傻（假痴不癫）。

28的编码是恶霸，第28计是上屋抽梯，上楼以后拿掉梯子。是指故意给敌人方便，然后截断敌人援兵，以便将敌围歼的谋略。

记忆方式：一个恶霸（28）上到屋中高楼后，就把上去时用的梯子抽走了（上屋抽梯）。

29的编码是饿囚，第29计是树上开花，树上本来没有花，但可以用假花点缀在上面，让人真假难辨。军事上指自己力量薄弱时，可以借别人的势力或其他因素，使自己看起来强大，以此虚张声势，威慑敌人。

记忆方式：一个饿囚（29）肚子饿了，爬到树上把开的花吃了（树上开花）。

30的编码是三轮车，第30计是反客为主，客人反过来成为主人，比喻变被动为主动。

记忆方式：朋友骑三轮车（30）接你去他家做客，你反而让朋友下车自己骑三轮车带着他，好像自己是三轮车的主人一样（反客为主）。

请你现在回忆、复习第21~30计。

31的编码是鲨鱼，第31计是美人计，利用美人迷惑对方，从而达到自己的目的。对通过军事行动难以征服的敌方，可以使用美人计诱敌。

记忆方式：鲨鱼（31）背后坐着一个美女（美人计），或者用一条母鲨鱼来吸引公鲨鱼。

32的编码是扇儿，第32计是空城计，故意向对方展示自己的城里好像士兵很多，让对方怀疑从而不敢进攻，是自己力量薄弱时，掩饰自己，从而骗过对方的高明策略。

记忆方式：诸葛亮坐在空城上面故作悠闲，拿着一把扇儿（32），大摆空城计。

33的编码是星星，第33计是反间计，指用计谋离间敌人引起内讧。

记忆方式：用反间计离间对手，让他们打得满眼冒金星（33）。

34的编码是凉拌三丝，第34计是苦肉计，指故意受皮肉之苦以骗取对方信任，从而进行反间的计谋。

记忆方式：凉拌三丝（34）里面还放了苦瓜炒肉（苦肉计）。

35的编码是山虎，第35计是连环计，就是将一个又一个的计策，连起来用。

记忆方式：山虎（35）跳起来连续钻了几个火环（连环计）。

36的编码是山鹿，第36计是走为上计，指在战争中看到形势不利就立马逃走。

记忆方式：一只胆小的山鹿（36）发现一丁点儿危险就立马跑了（走为上计）。

请你现在回忆、复习第31~36计，并整体回忆全部的36计。

就这样，我们用数字记忆宫殿快速记住了三十六计。由于数字记忆宫殿的数字编码本身就是有顺序的，所以用数字记忆宫殿还能准确地记住知识的顺序，能够做到正背、倒背、抽背，以及记忆牢固、精准定位。

比如，现在问你第9计和第15计是什么？你肯定会想，数字09的编码是猫，猫在隔岸观火，所以是隔岸观火；数字15的编码是鹦鹉，鹦鹉抓着一头老虎吊着离开了山林，所以是调虎离山。这就是数字记忆宫殿的神奇！

注意，数字记忆宫殿适用的场景有以下三个。

1. 数字记忆宫殿可以记住大量有顺序的信息。如果要记忆的信息是有顺序的，那用数字记忆宫殿非常适合，而且不容易出错。

2. 数字记忆宫殿可以作为临时记忆宫殿，在考前抢记大量零散、无序的信息。比如，如果一个数字编码可以记住1~2个知识点，那么100个数字编码就可以记住100~200个知识点，这个方法非常好用。

3. 数字记忆宫殿还可以记忆整本书的内容。经过训练后，我们还可以用数字记忆宫殿记住一整本书的内容，甚至能记住任意页码中的内容是什么！怎么做到的呢？书的页码是什么，不就是数字吗？我们完全可以用数字编码来进行定位，快速记住每页的内容。如果超出100页，可以把页码对应的数字进行拆分记忆，或者选择使用1000个三位数编码的数字记忆宫殿。

第 4 节　标题记忆宫殿

一、什么是标题记忆宫殿

当我们拥有的记忆宫殿不多时，不可避免地就会重复使用记忆宫殿。可是重复使用记忆宫殿需要间隔一段时间，否则容易产生信息混淆。这时我们可以使用标题记忆宫殿，以节省使用其他记忆宫殿的次数。

标题记忆宫殿就是把标题当作记忆宫殿。可以把标题中的关键信息当作记忆宫殿的"地点"或"挂钩"，把答案跟标题建立起联系，做到一看到题目就秒出答案。

二、标题记忆宫殿记忆步骤

使用标题记忆宫殿，通常有以下四个步骤。

第1步：理解内容，找到关键信息。

第2步：根据关键信息的数量，来规划标题中"挂钩"的数量。

第3步：用标题中的"挂钩"依次记住信息。

第4步：回忆并检查记忆效果。

三、标题记忆宫殿记忆实战

例：用标题记忆宫殿来记忆多瑙河流经的9个国家（发源地除外）。

多瑙河发源于德国西南部，流经奥地利、斯洛伐克、匈牙利、克罗地亚、塞尔维亚、保加利亚、罗马尼亚、摩尔多瓦、乌克兰等9个国家，最后注入黑海。

第1步，理解内容，找到关键信息。

很容易理解，关键信息就是标题中的"多瑙河"和答案中的9个国家。具体方法如下。

标题：多瑙河

答案：奥地利、斯洛伐克、匈牙利、克罗地亚、塞尔维亚、保加利亚、罗马尼亚、摩尔多瓦、乌克兰。

第2步：规划"挂钩"数量。

标题有3个字，答案有9个国家名称，所以把标题中三个字"多""瑙""河"分别当作记忆"挂钩"，用每个字记忆三个国家。

第3步：用标题记忆宫殿的关键字依次记住答案。

"挂钩"1：多——奥地利、斯洛伐克、匈牙利。

记忆：把很多奥利奥（奥地利）饼干递到斯诺克（斯洛伐克）球手的嘴里，他露出凶狠的牙齿（匈牙利）。

"挂钩"2：瑙——克罗地亚、塞尔维亚、保加利亚。

记忆：一颗玛瑙镶嵌在贵重的卡地亚（克罗地亚）手表上塞给你（塞尔维亚），让你为它保驾护航（保加利亚）。

"挂钩"3：河——罗马尼亚、摩尔多瓦、乌克兰。

记忆：河流里一匹身上有泥的骡马（罗马尼亚）驮着很多瓦（摩尔多瓦）走向一个乌克兰美女（乌克兰）。

参考的记忆图如下。

标题记忆宫殿实战

第4步：回忆并检查记忆效果。

重复记忆几次后，通过"多瑙河"这三个字来回忆记忆的9个国家。对于回忆速度比较慢或者出错的地方，重新想象出图并联想，进行精细化加工，从而加深印象。

通过这样的方式，很快就能记住多瑙河流经的9个国家了，而且是直接在题目中找到"多瑙河"三个字作为记忆宫殿，现找现用，很方便。

可见，用标题记忆宫殿不仅能减少地点记忆宫殿的地点数量，而且还能给我们提供直接的回忆线索，回忆线索就在标题中，很容易回想起来。熟练掌握这种方法后可以做到一看到题目就立马回想起答案，让我们下笔如有神！

为了更好地掌握标题记忆宫殿，你在运用标题记忆宫殿时应当注意以下三点。

1. 一定要注意回忆和还原的准确性

比如，在这个示例中，由于国家的名字比较抽象，不太容易出图，所以我们使用了中文记忆章节中介绍的谐音法、分解法等抽象转化法来进行转换出图，提取关键字进行联想，比如奥地利联想到奥利奥，塞尔维亚联想到塞给你（因为"尔"就是"你"的意思）。

对于这部分信息，一定要保证记忆和回忆的准确性。可以在回忆的时候多重复几遍，对于容易忘的，还可以进一步地进行精细化加工处理。比如，对于"奥地利"，可以联想是地上的奥利奥；对于"摩尔多瓦"，可以联想是摸耳朵上的瓦。

2. 可以通过串联大场景加固记忆

对于以上内容，我们还可以进一步加固记忆，做精细化加工。用标题中的"多瑙河"三个字，分别记住9个国家，每个字是一个场景，记忆三个国家，可以把这三个小场景融合到一个大的场景中。

比如，多瑙河对应的大场景是一条有很多玛瑙的河。第一个小场景是河的左边，河左边的地上有很多奥利奥（奥地利）饼干，被递到斯诺克（斯洛伐克）球手的嘴里，他露出凶狠的牙齿（匈牙利）；第二个小场景是河的中间，河中间的一颗玛瑙镶嵌在贵重的卡地亚（克罗地亚）手表上，塞给你（塞尔维亚），让你为它保驾护航（保加利亚），免得掉进河里；第三个小场景是河的右边，河的右边有一匹身上有泥的骡马（罗马尼亚），它驮着很多瓦（摩尔多瓦）走向岸边的一个乌克兰美女（乌克兰）。于是，这三个小场景构成了一个整体的大场景，双重加固了记忆。

3. 可以拓展标题记忆宫殿的"挂钩"

标题记忆宫殿还有一个高阶用法，即拓展记忆宫殿的"挂钩"。此示例中，3个"挂钩"刚好记住了9个国家。如果国家只有6个，第三个"挂钩"可以不用，或者用一个"挂钩"记住2个国家，那如果"挂钩"少了该怎么办呢？如果要记忆12个国家，每个关键字要串记4个国家可能就有点多了，这时候需要去拓展标题记忆宫殿的地点。比如可以想象一条有很多玛瑙的河上面还有一座桥，用这座桥去记忆多出的内容。

总之，标题记忆宫殿是特别实用的方法，一定要多多练习。

第 5 节　万事万物记忆宫殿

一、什么是万事万物记忆宫殿

标题记忆宫殿是把标题当作记忆宫殿，从而节省记忆宫殿的"地点"。其实，我们还可以使用万事万物记忆宫殿来节省"地点"。

万事万物记忆宫殿就是把万事万物当作记忆宫殿。

这个世界上的万事万物都可以当作我们的记忆宫殿，比如房间、人物、身体、标题、数字编码、字母编码、单词等。

掌握万事万物记忆宫殿之后，就不用担心记忆宫殿的数量不够用了，因为我们可以随时随地找记忆宫殿，可以把万事万物都当作记忆宫殿。

二、熟句记忆宫殿

熟句记忆宫殿就是把熟悉的语句当作记忆宫殿。从小到大，我们有很多熟记于心、耳熟能详的熟句，比如唐诗、宋词、元曲，这些都可以作为记忆宫殿。

虽然唐诗、宋词、元曲可以作为记忆宫殿，但是要注意，一定要找自己熟悉的、容易出图的内容，比如可以去掉虚词，留下实词的语句，更容易想象图像。

1. 唐诗记忆宫殿

唐诗记忆宫殿就是把唐诗当作记忆宫殿。

例：请记忆中国的十大古典悲剧——《窦娥冤》《赵氏孤儿》《汉宫秋》《琵琶记》《精忠旗》《娇红记》《桃花扇》《清忠谱》《雷峰塔》《长生殿》。

可以用自己熟悉的唐诗来记忆。比如我们从小就很熟悉的一句唐诗——"床前明月光，疑是地上霜"，这里面就可以抽出5个地点。具体方法如下。

唐诗记忆宫殿：床前明月光，疑是地上霜。

提取地点：①床　②明月　③光　④地上　⑤霜

一个地点可以记住两个信息，我们可以用这5个地点来记住中国十大古典悲剧，正好一个地点记忆两部作品。

第1个地点：床——《窦娥冤》《赵氏孤儿》。

记忆：窦娥坐在床前抱着孤儿喊冤（有学者认为诗句中的"床"是指"胡床"，古代一种可以折叠的轻便坐具，此处为出图的方便，就想象为现代的床）。

第2个地点：明月——《汉宫秋》《琵琶记》。

记忆：秋天的夜晚，在明月的照耀下，汉宫里有个宫女在弹琵琶。

第3个地点：光——《精忠旗》《娇红记》。

记忆：光照在印有"精忠报国"四个字的旗子上，旗子下面有一个脸颊娇红的女子。

第4个地点：地上——《桃花扇》《清忠谱》。

记忆：地上有一把印有桃花的扇子，展开扇子，里面是歌颂清朝忠心将士的歌谱。

第5个地点：霜——《雷峰塔》《长生殿》。

记忆：霜落在雷峰塔上，雷峰塔里面的白娘子可以长生不老。

唐诗记忆宫殿示例

就这样，我们用一句耳熟能详的唐诗，快速记住了中国十大古典悲剧。

如果想记得更牢固，你还可以把这五个地点放到一个大场景中，比如想象床前有月光照在地上像霜一样，构建出诗句描绘的场景图。这样五个地点的关键字之间就不仅仅只是诗句上的前后关系连接，而且还有场景图中空间上的连接，印象会更深刻。

2. 宋词记忆宫殿

宋词记忆宫殿就是把宋词当作记忆宫殿。

比如，同样是中国十大古典悲剧，我们也可以用李清照的一句宋词——"寻寻觅觅，冷冷清清，凄凄惨惨戚戚"当记忆宫殿。如果地点不够，可以根据诗句意思来拓展场景。比如这一句可以想象李清照在房间里面寻寻觅觅，发现房间冷冷清清，窗户外面的寒风直吹，黄花凋零堆积，非常凄惨。我们可以根据宋词描述的场景拓展出5个地点。

宋词记忆宫殿：寻寻觅觅，冷冷清清，凄凄惨惨戚戚。

提取地点：①寻觅的李清照 ②冷清的房间桌椅 ③窗户 ④寒风 ⑤堆积的黄花

其中，拓展出的黄花是因为李清照在这首词的后面写了"满地黄花堆积，憔悴损，如今有谁堪摘？"熟悉后也可以用这五个地点去联想记忆。具体记忆如下。

第1个地点：寻觅的李清照——《窦娥冤》《赵氏孤儿》。

记忆：李清照听到窦娥在喊冤，寻觅过去发现窦娥手上还抱着一个婴儿。

第2个地点：冷清房间中的桌椅——《汉宫秋》《琵琶记》。

记忆：冷清的房间里面有一个宫女坐在桌旁的椅子上拿着秋天的落叶弹琵琶。

第3个地点：窗户——《精忠旗》《娇红记》。

记忆：窗户旁边有一面印有"精忠报国"四个字的旗子，旗子旁边还有一个脸颊娇红的女子。

第4个地点：寒风——《桃花扇》《清忠谱》。

记忆：寒风把桃花吹落到扇子上，展开扇子，里面是歌颂清朝忠心将士的歌谱。

第5个地点：堆积的黄花——《雷峰塔》《长生殿》。

记忆：满地的黄花堆积成雷峰塔，雷峰塔里面的白娘子可以长生不老。

同样，我们用宋词记忆宫殿也能轻松记住中国十大古典悲剧。需要注意的是，创造万事万物记忆宫殿时，最好跟记忆的主体内容有逻辑关联，这样回忆起来更容易。比如记忆中国十大古典悲剧，用悲伤的宋词来记忆，关联性更强。

3. 元曲记忆宫殿

元曲记忆宫殿就是把元曲当作记忆宫殿。

除了唐诗宋词，元曲也可以当作记忆宫殿。比如，著名元曲《天净沙·秋思》。

《天净沙·秋思》
马致远

枯藤老树昏鸦，
小桥流水人家，
古道西风瘦马。
夕阳西下，
断肠人在天涯。

这首元曲前四句就有10个名词，非常好想象画面和图像。从这首元曲中我们可以提取出12个地点。分别是：

① 枯藤　② 老树　③ 昏鸦　④ 小桥　⑤ 流水　　⑥ 人家

⑦ 古道　⑧ 西风　⑨ 瘦马　⑩ 夕阳　⑪ 断肠人　⑫ 天涯

你可以通过这12个地点去快速记忆信息。

三、万事万物记忆宫殿升级

唐诗、宋词、元曲可以当作记忆宫殿，这是属于通过熟悉的文字类熟句来拓展记忆宫殿，我们还可以通过实体类的万事万物来拓展自己的记忆宫殿。

比如，小到一支铅笔、一个文具盒、一部手机，大到一辆自行车、摩托车、小汽车，再大到一个房间、一栋楼房，甚至大到地球、太阳、宇宙，都可以作为我们的记忆宫殿。具体示例如下。

1. 铅笔记忆宫殿

地点：① 笔帽　② 笔夹　③ 笔杆　④ 笔尖　⑤ 笔芯

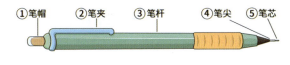

铅笔记忆宫殿

2. 手机记忆宫殿

地点：① 摄像头　② 屏幕　③ 侧面按键　④ 喇叭　⑤ 充电口

3. 小汽车记忆宫殿

地点：① 车灯　　② 车标　　③ 引擎盖　④ 雨刷　　　⑤ 前挡风玻璃

　　　　⑥ 天窗　　⑦ 后视镜　⑧ 左前窗　⑨ 车把手　⑩ 前轮

　　　　⑪ 方向盘　⑫ 驾驶椅　⑬ 安全带　⑭ 后排座椅　⑮ 后备箱

手机记忆宫殿　　　　　　　　　　　　　　　小汽车记忆宫殿

当然，汽车记忆宫殿的地点其实还可以拓展，比如后轮、尾灯等。

4. 地球记忆宫殿

地点：① 大气层　② 北极冰川　③ 赤道　④ 南极大陆　⑤ 海洋

　　　　⑥ 高山　　⑦ 河流　　　⑧ 森林　⑨ 地壳　　　⑩ 地核

其实，地球记忆宫殿的地点也可以拓展到更多，比如湖泊、沼泽、地幔等。

总之，利用万事万物记忆宫殿可以不受限制地拓展地点，而且非常灵活，关键在于一定要把握事物的结构，这样更容易快速找地点。当我们掌握了万事万物记忆宫殿之后，就可以有信心做到：在任何时间、任何地点，用任何事物，记住任何知识！

第 6 节　如何快速记忆一整本书

一、整本书的记忆方法

记忆宫殿的记忆效果非常好，由于记忆宫殿的地点是可以拓展且有顺序的，所以用记忆宫殿可以记住大量的信息，而且还能进行定位。因此，我们可以使用记忆宫殿记住一整本书的内容，甚至还可以精确到可随时回忆起任意页码中的内容是什么。

那到底怎样快速记住一整本书呢？具体来说，根据记住一本书的需求不同，方法也不同。

1. 大多数情况

如果只需要记住书的重点内容，不需要逐字记忆，也不需要记住书的页数，那就可以用配对联想法、串联法、地点记忆宫殿和万事万物记忆宫殿等方法。

2. 点背或抽背

如果还想做到记住书的页数，记住任意页码中的内容是什么，就要用数字记忆宫殿进行定位，这个方法的好处是可以根据页数回忆起内容，而且可以随时随地复习。

其中，"点背"就是点哪儿背哪儿，点到任意页码都能背出该页有什么内容。

二、点背整本书示例

怎样用记忆宫殿记住整本书，甚至可以做到"点背"任意页码中的内容是什么呢？

1. 如何点背《道德经》

我们以《道德经》为例。《道德经》是老子的经典著作，分为《道经》和《德经》，总共81章。点背《道德经》就是要做到：点到《道德经》的任意第几章，都能知道它在第几页并快速背出全文；点到任意页码，都能背出当前页的内容是第几章。

要想达到这样的记忆效果，需要我们综合运用前面讲过的多种方法。具体的记忆方法是，用数字编码记忆《道德经》的页数和章数，并且用配对联想法进行页数和章数之间的配对连接，用文章记忆方法记住每个章节的内容。

其中，有两种不同的定位方法。

第1种定位法（更简单）：先记忆每章的内容，然后把每章的第一句与章节数建立联系，再把章节数和页数建立联系。

第2种定位法（更准确）：把章节数的数字编码放大，作为地点记忆宫殿的地点，再来记忆页数和内容。

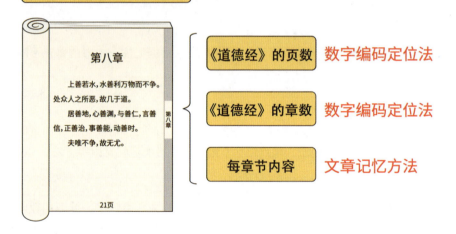

点背《道德经》的记忆方法

比如，大家很熟悉的一个成语"上善若水"就出自《道德经》的第八章，我们以这一章为例，讲解记忆宫殿的记忆方法。

《道德经·第八章》

上善若水，水善利万物而不争。处众人之所恶，故几于道。

居善地，心善渊，与善仁，言善信，正善治，事善能，动善时。

夫唯不争，故无尤。

以第一种方法为例进行定位。我们可以先用文章的记忆方法记住全文。先理解重点字词和全文意思，理清文章层次结构，然后联想出图，并且回忆。

第1步：通读文章，理解重点字词。

首先，把上述节选文章读一遍，弄清楚每个重点字词的意思。

（1）上善若水：最善（的人）像水一样。

（2）利：使有利。

（3）所恶：厌恶的地方，指低洼之处。

（4）几：接近，差不多。

（5）居善地：居住善于选择（低洼的）地方。

（6）心善渊：心胸善于保持宁静而广博。

（7）与善仁：交往善于仁慈；与，交往。

（8）言善信：说话善于守信用。

（9）正善治："正"同"政"，为政善于治理。

（10）事善能：处事善于发挥所长。

（11）动善时：行动善于把握时机。

（12）夫（fú）：发语词（用于句首，不翻译）。

（13）唯：只有/因为。

（14）尤：过失。

第2步：理解全文意思，理清文章结构。

这篇文章的结构很清晰，分为三个部分，每一行就是一个部分。第一部分讲上善若水，水滋养万物而不争，接近于道；第二部分讲七个"善"，是具体的行为；第三部分是总结，不争所以没有过失。

三段的参考译文如下：

（1）最善（的人）像水一样。水善于滋养万物而不与万物相争。它处于众人所厌恶的地方，所以接近于道。

（2）居住善于选择（低洼的）地方；心胸善于保持宁静而广博；交往善于仁慈；说话善于守信用；为政善于治理；处事善于发挥所长；行动善于把握时机。

（3）因为不争，所以才没有过失。

第3步：联想出图，想象或绘制简图。

根据前面对文章意思的理解和对结构的把握，我们可以直接想象图像或者绘制出简图记忆，参考的记忆图如下。

点背《道德经》第八章记忆示例

注意，诗句第二部分的七个"善"比较容易出错，可以用串联法记忆加深印象。

比如，我们可以根据逻辑关系和图像结合去串联记忆——居住在低洼的深渊旁，与人交往要讲究诚信，这样才能赢得别人的信任，从政的时候，做事才能发挥自己的特长，行动也更善于把握时机。注意，图中的"事善能"和"动善时"，分别对应的手和脚，同样有助于记忆。

另外，还可以提取首字去串联记忆，比如提取首字是"居心与言正事动"，谐音"居心预言政事动"，联想居心叵测，预言政事会发生变动。这样也能加深印象。

第4步：重复记忆，回忆测试。

最后，重复记忆这篇文章，熟练之后，可以进行回忆练习。

用文章记忆方法记忆完整篇文章之后，就可以进行章节数、页数和第一句之间的连接了，可以用配对联想法或者串联记忆法进行连接。

《道德经》的第八章在第21页，第一句是上善若水。08的编码是眼镜，21的编码是鳄鱼，可以联想，一个戴着眼镜的人踩在鳄鱼身上飞到高空，鳄鱼嘴里吐出了水，对应第一句"上善若水"，由于整篇文章已经背下来了，第一句后面的文字就可以按照记忆的文章图像背出了。

第6章

可以看到，我们综合使用了数字编码、配对联想、串联法和文章记忆方法，但熟悉后其实这种点背的难度并不大，本质上就是记住了文章后，然后把文章第一句跟章节数和页数串记就行了。

2. 如何点背整本单词书

点背单词书就是记得这本单词书任意页码中的第几个单词是什么，可以随时随地提取和复习。任何单词书都可以做到点背，一整本牛津字典也不例外。

一方面，点背单词书的难度比《道德经》更大一些，需要综合运用更多种记忆方法，比如数字编码法，串联记忆法等。另一方面，由于单词书的页数更多，每一页的单词数量不一样，一个单词可能还有很多个中文意思，每个中文意思也都要按顺序记住，这就对记忆宫殿的定位系统有更高的要求。

由于大多数人只需要记住整本书中单词的拼写和意思即可，不需要做到点背，所以在此不进行详述。你直接用英语记忆章节中介绍的"拆—图—联"三步法就能轻松搞定整本单词书的记忆。如果想进一步做到点背，训练自己超强的记忆力，可以了解笔者的记忆力训练营，以便进行全面强化训练。

第6章

第7章　成为考试、考证记忆王！

学习离不开记忆，考试、考证更离不开记忆。本章讲解试卷中各种题型的记忆方法，以及九门学科和四大专业考证的记忆方法，助你成为考试、考证记忆王！

单选题√
多选题√
填空题√
简答题√

语数外
物化生
政史地

教师资格证√
注册会计师证√
法律职业资格证√
执业药师资格证√

第1节　试卷中各种题型的记忆方法

学习离不开记忆，考试更离不开记忆。如果考点、重难点没有记牢，考试的分数肯定不会太高。这一章我们会详细讲解有关考试内容的记忆方法。

《孙子兵法》中说："知己知彼，百战不殆"。要想在考试中取胜，轻松获得高分，我们要先了解考试考什么。如果从题型的角度分析，常见的题型有单选题、多选题、填空题、简答题和论述题等。不同的题型对应着不同的知识结构，可以用相应的记忆方法去记忆。我们现在来一一学习。

一、单选题记忆方法

单选题就是一个题目只有一个正确选项的选择题。

1. 单选题的记忆方法

只要是记忆类的单选题，都可以使用配对联想法记忆。我们在中文记忆章节中讲过配对联想法，其核心在于：提取关键信息，转化成图像，并且在两者之间建立起联系。

配对联想法记忆单选题

2. 单选题记忆示例

例：《长生殿》的作者是（　　）？

A.孔尚任

B.王实甫

C.汤显祖

D.洪昇

正确答案是D，洪昇。

提取出关键信息：《长生殿》和洪昇。

然后就可以使用配对联想法，想象这样的画面：住在长生殿能够长生不老，就算洪水和太阳都升（昇）上来也不怕。

单选题记忆示例

就这样，我们很快记住了《长生殿》的作者是洪昇，字的写法也能记得很准确。

配对联想法适用于各个学科的记忆，熟练掌握该方法后，可以做到10秒甚至5秒就记牢一个知识点。

二、多选题记忆方法

多选题就是一个题目有多个正确选项的选择题。

1. 多选题的记忆方法

只要是记忆类的多选题，都可以使用串联记忆法记忆。其中，串联记忆法又包括首字串联法和关键字串联法。

2. 多选题记忆步骤

对于记忆多选题，通常有以下三步。

第1步：提取关键信息。

第2步：把多个关键信息串联起来，联想出图。

第3步：重复记忆，回忆测试。

3. 多选题记忆示例

串联记忆法适用于各个学科的知识记忆。关键在于提取题目和答案中的关键信息，并且用图像联想法将它们串联在一起。

例：苏伊士运河沟通的是哪两个大洋？（　　）

A.北冰洋

B.大西洋

C.太平洋

D.印度洋

这道题的正确答案是BD，大西洋和印度洋。

提取出关键信息，分别是：苏伊士、大西洋、印度洋。

对关键信息进行加工，苏伊士可以谐音成"苏医师"，大西洋和印度洋可以分别提取"大"字和"度"字，串联起来就是"大度"。

可以串联记忆：苏医师（苏伊士）站在苏伊士运河旁，很大（大西洋）度（印度洋），看病不要钱。

多选题记忆示例

串联记忆法适用于各个学科的记忆，关键在于找到合适的关键信息进行串联。

三、填空题记忆方法

填空题需要将正确的答案填在空缺处，难度比选择题要大，要求记忆更准确。

1. 填空题的记忆方法

可以使用配对联想法、串联法和定位法来记忆填空题。

当只有一个空的时候，可以用配对联想法记忆；当要记忆多个空的内容时，可以使用串联法或者定位法记忆。

2. 填空题记忆步骤

对于记忆填空题，通常有以下三步。

第1步：提取关键信息。

第2步：转化成图像，并且使用配对联想法、串联记忆法或定位法记忆。

第3步：重复记忆，回忆测试。

3. 填空题记忆示例

我们用配对联想法和串联记忆法来记忆填空题。

例1： 柬埔寨的首都是_____。

答案是金边。

提取出关键信息，分别是：柬埔寨、金边。

柬埔寨，可以谐音出图"简朴的寨子"，金边，直接出图，"金色的边"。

可以联想：简朴的寨子居然镶满了金边。

柬埔寨——金边

填空题配对联想记忆示例

例2： 内蒙古鄂尔多斯的四大产业是_____、_____、_____和_____。

答案是羊毛、煤炭、稀土和天然气。

提取出关键信息，分别是：鄂尔多斯，羊、煤、土和气。

鄂尔多斯谐音"鹅儿多思"，羊、煤、土和气联想到成语"扬眉吐气"。

可以想象这样的画面：鹅儿多多思考（鄂尔多斯），终于扬眉吐气了（扬—羊毛；眉—煤炭；吐—稀土；气—天然气）。

填空题串联记忆示例

用配对联想法和串联记忆法记忆填空题的效果非常好，这些方法也适用于多个学科的填空题记忆。

四、简答题记忆方法

简答题介于填空题和论述题之间，通常只需要回答问题的要点，而不用详细阐述。

1. 简答题的记忆方法

简答题通常要记忆多个大知识点，有时候还要记忆大知识点下面的小知识点。

可以使用场景故事法、串联记忆法、标题记忆宫殿和万事万物记忆宫殿等方法。

2. 简答题记忆步骤

对于记忆简答题，通常有以下三步。

第1步：理清结构，提取关键信息。

第2步：根据信息的多少和逻辑关系，选择合适的方法，规划记忆，联想出图。

第3步：重复记忆，回忆测试。

记忆简答题有多种记忆方法，最常用的是标题记忆宫殿。

例：请简述商鞅变法的主要内容。

答：1. 经济措施有以下几项。

（1）废井田、开阡陌

（2）重农抑商、奖励耕织

（3）统一度量衡

2. 政治措施有以下几项。

（1）推行县制，加强中央集权

（2）改革户籍制度，实行连坐法

（3）奖励军功，制定二十等爵制度

（4）焚烧儒家书籍，明确法令

按照简答题的记忆步骤，我们可以先理清结构，提取关键信息。然后根据信息的多少和逻辑关系，选择合适方法，规划记忆，联想出图，最后再重复记忆，回忆测试。

这是一个典型的"大点套小点"的题目，我们可以用标题记忆宫殿记忆大点，然后再结合大点记忆小点。

标题中的关键信息是"商鞅变法"，答案主要分为两大方面："经济措施"和"政治措施"。所以，我们可以从"商鞅变法"中提取两个关键字作为标题"挂钩"，分别用来记住两大措施。

商，联想到商业，就想到了"经济措施"。

鞅，联想到中央，就想到了"政治措施"；或者联想，"鞅"由一个"革"和一个"央"组成，中央改革，就是政治措施。

就这样，通过标题的两大"挂钩"我们就记住了两个大点，大点下面的小点就变成了"一个题目对多个知识点"的形式，可以用串联记忆法来记忆。

比如，记忆三个经济措施。"废井田、开阡陌"，指废除井田制度，允许人们开垦无主荒地。"井田"指当时的田地一块块的，像"井"字，"阡陌"指田间小路。剩下的两条都很好理解。我们可以在这三条经济措施中分别提取关键字。

第1条，提取关键信息——"废""开"，谐音"飞开"。

第2条，提取关键信息——"重""奖"，谐音"中奖"。

第3条，提取关键信息——"统一"，联想到统一冰红茶。

调整顺序，谐音成"飞开统一中奖"。

于是我们就可以联想，商鞅在商店里飞快地打开了一瓶统一冰红茶，结果发现中奖了。然后通过这个图像场景，结合理解还原成原来的文字。

再比如，四个政治措施，都比较容易理解，可以直接提取其中的关键信息。

第1条，提取关键信息——"县制""中央集权"。

第2条，提取关键信息——"户籍""连坐法"。

第3条，提取关键信息——"奖励军功""二十等爵"。

第4条，提取关键信息——"焚书""明法令"。

由于政治措施中的内容长短不一，而且只提取一个关键字可能比较难还原回去，因此可以直接提取整个词语或词组，用故事法串记。

我们可以联想，商鞅来到一个县的正中央（推行县制，加强中央集权），让十户居民连坐在一排（改革户籍制度，实行连坐法），对其中一户奖励军功，发了一根香烟（数字编码20）放在其肩膀上（奖励军功，制定二十等爵制度），然后用香烟点燃了儒家书籍，很明亮，照亮了法令（焚烧儒家书籍，明确法令）。

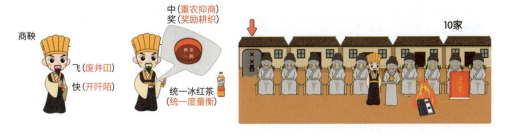

简答题记忆示例

通过这样的方法，我们很快就记住了商鞅变法的两个大点、七个小点的全部内容。注意，一定要记得根据想象的场景多回忆几次，保证记忆完全正确。

当然，也有人把奖励军功的内容划分到军事措施中。如果要记忆的材料中有第三个类别"军事措施"，那可以从"商鞅变法"中再增加一个"挂钩"——"法"。用这个标题"挂钩"进行联想，变法需要有军事措施来确保实施，再进行串记。总之，标题记忆宫殿是非常灵活的，可以根据实际情况来灵活调整。

以上是用标题记忆宫殿记忆简答题的示例。论述题只是比简答题在小点上的内容更详细一些，所以记忆方法一样，同样可以用标题记忆宫殿结合图像联想法记忆。

此外，也可以结合串联记忆法和故事场景法快速记住各种简答题和论述题的答题要点。

第7章

第 2 节　语文记忆方法

学完了各种题型的记忆方法之后，我们再来看各个学科的记忆方法。其实我们之前学过的方法都可以用在各个学科的记忆上，只不过有的内容需要综合多种方法记忆。我们现在一起来从学科的角度，应用这些记忆方法。

首先，来看语文学科的记忆方法。语文学科需要记忆的内容主要有字词成语、文学常识、写作手法、修辞手法、古诗、现代文、文言文，以及作文素材等。

由于古诗、现代文和文言文已经在之前的章节中详细讲过，写作手法、修辞手法较为简单，理解就能记住，故在本节中主要讲解重难点字词、文学常识和作文素材的记忆方法。

一、字词记忆方法

语文学科的考试经常会考查字词的读音、写法，以及意思等。记忆的方法在中文记忆章节中也有详细讲解，比如结合声旁或者用谐音法去记忆字词的读音，利用分解法和图像联想法去记忆字词的字形和意思。

现在来看一看字音和字形的记忆示例，以便更好地体会和应用记忆方法。

1. 字音记忆

语文考试中经常会考字音的记忆，比如下面这道题，你可以先盖住答案自行作答。

例：下列加点字读音完全正确的一项是（　　）。

A. 怼（duǐ）人、针灸（jiū）、潜（qián）能、莘（shēn）莘学子

B. 蛋挞（tǎ）、湖泊（pō）、饿殍（fú）、呱（gū）呱坠地

C. 孵（fū）化、下载（zǎi）、匕（bǐ）首、果实累累（léi）

D. 蛤（gé）蜊、芭蕾（lěi）、剽（piāo）悍、荷（hè）枪实弹

对于选项A，需要更改的是怼人（duì）和针灸（jiǔ）。这两个字都只有一个读音。其实，这两个字都是形声字，可以直接根据声旁记忆。"怼"字的上面就是对错的"对"，所以读"duì"；"灸"字的上面就是长久的"久"，所以读"jiǔ"。

当然,也可以用谐音联想针灸(jiǔ)要用酒(jiǔ)精去消毒。对于潜(qián)能和莘(shēn)莘学子,如果刚刚判断错误,也可以用同音或者谐音法记忆。"潜"只有一个读音,比如潜(qián)水,潜(qián)在水下的自然就是潜(qián)能;或者用谐音联想,实现潜(qián)能就能前(qián)进,赚很多钱(qián)。莘莘学子指众多学子,"莘莘"就是众多的意思。可以用谐音联想:毕业季莘(shēn)莘学子都深深(shēn)地留恋母校。

对于选项B,需要更改的应该是蛋挞(tà)和饿殍(piǎo)。这两个字也都只有一个读音,很多人读错。可以用谐音法去准确记忆,比如:一脚踩踏(tà)在蛋挞(tà)上没法吃了;饿殍(piǎo)身体像被漂(piǎo)白了一样。饿殍就是指饿死的人。另外,对于湖泊(pō)和呱(gū)呱坠地,如果刚刚判断错了,也可以用谐音法准确记忆,比如:往湖泊(pō)里泼(pō)水;怀孕的姑姑(gū)让孩子呱呱(gū)坠地。

对于选项C,需要更改的应该是下载(zài)。"载"是多音字,很多人都容易读错,在这里的正确读音是"zài",记忆起来很简单,还是用谐音法记忆:我正在(zài)下载(zài)文件。对于剩下的三个词,如果刚刚判断错了,也可以用谐音法记忆,比如:农夫(fū)养的鸡在孵(fū)化小鸡;用匕首(bǐ)削铅笔(bǐ);果实累累(léi),果实特别多,但是打雷的时候被雷(léi)都劈到地上了。

对于选项D,完全正确。容易出错的字可用谐音法记忆。比如:格格(gé)喜欢吃蛤(gé)蜊;跳芭蕾(lěi)舞积累(lěi)了很多伤;天空飘(piāo)来一个剽(piāo)悍的大将。第四个词语"荷枪实弹"是指扛着枪,上了子弹,形容全副武装,准备投入战斗的状态。其中的"荷"是扛着的意思,可以用负荷(hè)来同音联想记忆,或者用谐音记忆:荷枪实弹很危险,要大声喝(hè)止。另外要注意,"蕾"字只有一个读音,就是三声,花蕾(lěi)的"蕾"也是第三声。

所以,这一题的正确答案是选项D。

通过这样的方式,我们很快就能记住易错字的读音,而且记忆非常准确,只要出图联想清晰,就可以做到百分之百正确。相信通过这道题,你对于记忆汉字的读音体会更加深刻了。

总之,对于已经记住了读音的汉字,就不必用谐音法记忆;而对于容易出错的汉字,可以结合声旁或者用谐音法去准确记忆。

2. 字形记忆

语文考试也会经常考字形的记忆,比如下面这道题,你可以先不看答案自行作答。

例：下列字词书写完全正确的一项是（　　）。

A. 陈词烂调、弱不经风、迫不急待

B. 共商国事、关怀倍至、世外桃园

C. 各行其是、一筹莫展、再接再厉

D. 兴高彩烈、声名雀起、万古常青

对于选项A，三个全错，正确的应该是：陈词滥调、弱不禁风、迫不及待。

对于选项B，三个全错，正确的应该是：共商国是、关怀备至、世外桃源。

对于选项C，三个全对，容易错误写成：各行其事、一愁莫展、再接再励。

对于选项D，三个全错，正确的应该是：兴高采烈、声名鹊起、万古长青。

所以正确答案是选项C。

对于字形的记忆，可以使用分解法和图像联想法。对于成语中容易混淆、容易写错的字，也可以用正确的字进行联想，区分记忆。当然，对于有的字词，只要理解了其中的易错字是什么意思，就不容易出错了，在理解的基础上再结合记忆法记忆，能加固记忆效果。具体记忆如下。

对于选项A。陈词滥调，指语言陈腐、空泛，"滥"可以联想到"泛滥""宁缺毋滥"，就可以进一步联想：好的建议宁缺毋滥，也不需要陈词滥调。弱不禁风，形容身体娇弱，连风吹都承受不起，"禁"就是承受的意思，可以组词联想"禁不住"，可以进一步联想：他弱不禁风，风一吹就禁不住要咳嗽。迫不及待，指急迫得不能再等待，"及"是来得及的意思，可以组词联想"及格"，然后进一步联想：老师念分数的时候我迫不及待地想要知道自己是否及格了。

对于选项B。共商国是，指共同商量国家的政策和方针，我们可以联想，国家的政策和方针是领导人来商量的。关怀备至，指关怀得非常周到，"备"就是"全"的意思，关怀全都到了，我们可以联想到"准备"，进而联想：事先做好准备才能做到关怀备至；或者联想到"关羽"和"刘备"，进一步联想：关羽对刘备关怀备至。世外桃源，指与现实社会隔绝、生活安乐的理想境界。该成语来源于《桃花源记》。"源"是水流起头的地方，联想到"水源"或"源头"，可以进一步联想：世外桃源是源头，不受世人打扰。

对于选项C。容易错误写成：各行其事、一愁莫展、再接再励。各行其是，指各人按照自己认为对的去做。"是"是"对的，正确的"的意思。知道意思就不会错了，也可以联想，每个人都会选择自己认为是对的事情做，这就叫各行其是。而且，各行其是中的"行"是走的意思，"是"下面也跟"走"的下半部分一样。一筹莫展，指一点办法也没有，这里的"筹"是"计策，办法"的意思，所以是一点办法也没有。也可以联想到"筹码"，进一步联想：已经一点筹码都没有了，真的是一筹莫展。再接再厉，指一次又一次地继续努力，这里的"厉"是"磨快"的意思，原指公鸡相斗，每次交锋之前先磨一下嘴，后引申为"努力"，可以通过组词联想到"厉害"，进一步联想：你太厉害了，再接再厉，再努一把力，下次更厉害。

对于选项D。前两个比较简单，"兴高采烈"可以直接联想：兴高采烈地去采摘花朵；"声名鹊起"可以联想一下子大红大紫、声名鹊起，连喜鹊都来报喜。万古长青，指千秋万代永远像松柏一样青翠。比喻美好的事物永远存在，不消失，"长"是指时间长，长久的"长"，而不是经常的"常"。所以，在理解后就能直接记住了，万古就是指时间，所以是时间长久的"长"。也可以出图联想记忆：像一个特别高大、特别长的松柏一样，长时间保持青翠。

通过这样的方式，我们快速、准确地记住了所有易错字词的写法。同样，只要出图联想清晰，可以做到百分之百正确。相信通过这道例题，你对于记忆汉字的字形体会更加深刻了。

另外，需要注意的是，在理解字词意思的基础上，也可以利用联想法加固记忆效果。比如联想"关羽对刘备关怀备至"，但是我们知道"备"是指"全"的意思，而不是指"刘备"。

总之，对于已经记住了写法的汉字，就不必联想记忆或重新组词记忆；但是对于经常容易混淆出错的汉字，就可以结合分解法、图像联想法记忆，或者组词记忆。

二、文学常识记忆方法

语文学科有大量的文学常识要记忆，比如作家作品、称谓名号等。

1. 作家作品记忆

对于作家作品，可以使用配对联想法或者串联记忆法来记忆。

（1）一个作家对应一个作品

如果要记忆一个作家对应的一部作品，可以使用配对联想法。

例：《桃花扇》的作者是孔尚任。

提取出关键信息，分别是：桃花扇和孔尚任。

容易出图的，直接出图；不容易出图的，可以转换出图。"桃花扇"，很容易出图，想象一把画有桃花的扇子；"孔尚任"，可以结合分解法和谐音法，直接配对联想：高尚的孔子走马上任拿着一把桃花扇。

文学常识记忆示例

（2）一个作家对应多部作品

如果要记忆一个作家对应的多部作品，可以使用串联记忆法。

例：莎士比亚的四大喜剧分别是《威尼斯商人》《第十二夜》《仲夏夜之梦》和《皆大欢喜》。

提取出关键信息，分别是：莎士比亚、四大喜剧、《威尼斯商人》、《第十二夜》、《仲夏夜之梦》、《皆大欢喜》。由于这四部作品比较容易理解，每部作品可以是一个形象，因此可以整体串联而不用提取单个字。

理解意思后，可以进行串联记忆：莎士比亚长期失眠，在威尼斯商人那里买了一个智能枕头，终于在第十二个夜晚，仲夏夜做了一个美梦，皆大欢喜。

由于作品里面有"皆大欢喜"，因此能提醒我们这四部作品是喜剧。

2. 称谓名号记忆

文学常识中有很多需要记忆的称谓名号，可以用记忆法快速记住。

例：请记住下列名人和对应的称号。

李白——诗仙　陆游——诗神[1]　王维——诗佛　陈子昂——诗骨　刘禹锡——诗豪
杜甫——诗圣　李贺——诗鬼　王勃——诗杰　孟浩然——诗隐　白居易——诗魔

这是典型的一对一的题型，一个人物对应一个称号，直接用配对联想法记忆。

1　也有诗神是苏轼一说。

（1）李白——诗仙。记忆：李白穿着白色衣服飘飘然，像仙人一样（诗仙）。

（2）杜甫——诗圣。记忆：杜甫的诗忧国忧民，像圣人一样（诗圣）。

（3）陆游——诗神。记忆：陆游像神一样到处在大陆神游（诗神）。

（4）李贺——诗鬼。记忆：李贺的诗惊天地泣鬼神，连鬼都来祝贺（诗鬼）。

（5）王维——诗佛。记忆：王维写诗时很多人都围着看，因为蕴含佛理（诗佛）。

（6）王勃——诗杰。记忆：王勃英年早逝，但其写的诗很杰出，有杰出的才华（诗杰）。

（7）陈子昂——诗骨。记忆：陈子昂昂首挺胸，有傲骨（诗骨）。

（8）孟浩然——诗隐。记忆：孟浩然一身浩然正气，不愿同流合污，故隐居了（诗隐）。

（9）刘禹锡——诗豪。记忆：刘禹锡有王者风范（大禹是王），豪气冲天（诗豪）。

（10）白居易——诗魔。记忆：白居易写诗很狂热，就算手舌生疮，再不容易也继续诵诗、写诗，就像着了魔一样（诗魔）。

就这样，我们快速记住了这些著名诗人的称号。

三、作文素材记忆方法

在语文考试中，作文的分数占比很大，写好作文能够帮我们多拿不少分。当然，写好作文需要平时有大量的阅读积累，看问题也要有自己独特的思考角度。多思考，多阅读，多积累对作文的帮助非常大。

我们都知道阅读对写作有很大帮助，但就算阅读量大，阅读的东西记不住也没用，那该怎么办呢？可以使用记忆法来记忆作文素材。

1. 作文素材的记忆方法

除了可以把一些好的作文素材、好词佳句摘抄下来，反复阅读记忆之外，还可以用图像记忆法去记忆。

作文素材属于中文信息记忆，可以使用中文知识点的记忆方法和文章记忆方法，如用串联法、记忆宫殿等方法记忆。

2. 作文素材记忆示例

比如，我们要记忆以下的作文素材。

第7章

读书的力量

书籍是人类进步的阶梯。

读书使人明智。得意时读书，使人戒骄戒躁，"虚心竹有低头叶，傲骨梅无仰面花"；失意时读书，使人重振旗鼓，"雄关漫道真如铁，而今迈步从头越"；富有时读书，使人心胸开阔，"穷则独善其身，达则兼济天下"；贫困时读书，使人不忘初心，"穷且益坚，不坠青云之志"。

读书使人进步。"花有重开日，人无再少年"，教人珍惜时间；"书山有路勤为径，学海无涯苦作舟"，教人勤奋刻苦；"不积跬步，无以至千里；不积小流，无以成江海"，教人持之以恒。

读书使人成长。面对危机时，要有"泰山崩于前而色不变，麋鹿兴于左而目不瞬"的镇定自若；面对磨难时，要有"咬定青山不放松，立根原在破岩中"的坚韧不拔；面对挑战时，要有"长风破浪会有时，直挂云帆济沧海"的勇往直前。

腹有诗书气自华，读书万卷始通神。读书能增长见识，开拓视野，陶冶情操，滋养灵魂，给我们无穷无尽的力量。

上述内容文字很多，如果死记硬背，需要花很长时间，效果可能还不好。我们可以用记忆法快速记住。先理清结构，该文是总分总的顺序，对每部分提取关键词。

第一段，"书籍是人类进步的阶梯"，可以想象用书籍组成的阶梯。

第二段到第四段，详细阐述读书的好处，并引用相应的诗词名句。每一段的内容较多，可以想象刚刚的阶梯被分成了三个大的部分，分别记忆这三段。

第二段，"读书使人明智"，想象一个明智的人，目光清澈，头脑聪慧。提取四个分句中的句首关键信息，"得意""失意""富有""贫困"，是两组反义词，比较容易记。对于后面引用的四个名句，如果比较熟悉，就只需提取少部分关键词，比如："竹""梅""雄关漫道""兼济天下""青云之志"。

可以结合场景串联记忆，想象阶梯的第一个部分有个明智的小男孩，开心地看到低头的竹叶和面朝下的梅花，于是想到自己要谦虚、戒骄戒躁（"虚心竹有低头叶，傲骨梅无仰面花"）；竹和梅又生长在曲折难走的雄关漫道上，"雄关漫道"指雄壮的关口，漫长曲折的道路。小男孩失意地看到雄关漫道，又想到要重振旗鼓（"雄关漫道真如铁，而今迈步从头越"）。越过雄关漫道变得富有，于是张开双臂，兼济天下（"穷则独善其身，达则兼济天下"）；后来钱花完又变穷了，却不忘初心，不坠青云之志，想象一颗心飞到了青云上不掉下来（"穷且益坚，不坠青云之志"）。

第三段，"读书使人进步"，想象一个前进的人。提取后面三个分句的关键信息："珍惜时间""勤奋刻苦""持之以恒"，这三个词结合引用的名句比较容易理解，名句中可以提取关键词"花""书山""江海"。

我们可以结合场景串联记忆，想象阶梯的第二个部分有一个在往上跑的少年，旁边还有红色的花提醒他要珍惜时间（"花有重开日，人无再少年"）；红色的花开在了书堆成的山上，山上的小路上居然还有舟（"书山有路勤为径，学海无涯苦作舟"），"书山"下就有江海，一个人小步在江海上持之以恒地走了一千里（"不积跬步，无以至千里；不积小流，无以成江海"）。

第四段，"读书使人成长"，想象一个成年人。提取后面三个分句的关键信息："危机""磨难""挑战"，结合引用名句中的关键词："泰山""麋鹿"，"咬定青山""破岩"，"长风""云帆"。

还是结合场景串联记忆，想象阶梯的第三个部分有一个正在成长变壮的成年人，在向上走。结果路的中央正好有一座泰山分裂崩塌，从中跳出了一只麋鹿，他却面不改色，不眨眼睛（"泰山崩于前而色不变，麋鹿兴于左而目不瞬"），非常镇定自若。泰山崩塌有一块青色的巨石落下，岩缝中生长的一根竹子像是咬住了青山不放松，根在破碎的岩石中（"咬定青山不放松，立根原在破岩中"）；竹子很长，上面还挂了一个帆高入云中，有风吹来（"长风破浪会有时，直挂云帆济沧海"），却依然勇往直前。

第五段，总结读书的好处，能给人力量。"腹有诗书气自华，读书万卷始通神"，想象终于来到了阶梯的最高处，一个满腹诗书、有气质的读书先生，像神一样，站得高，看得远，见识多（增长见识），视野广（开拓视野），心情好（陶冶情操），像可以飞起来一样（滋养灵魂），手臂很强壮（给我们无穷无尽的力量）。

通过这样的方式，我们很快就能记住上述大段的作文素材，而且印象很深刻。

虽然笔者写的文字看起来很多，但实际上，我在写下文字的时候，大脑里是生动、丰富的画面，想象出图的记忆速度非常快。

一图胜千言，具体的参考记忆图如下所示。

第7章

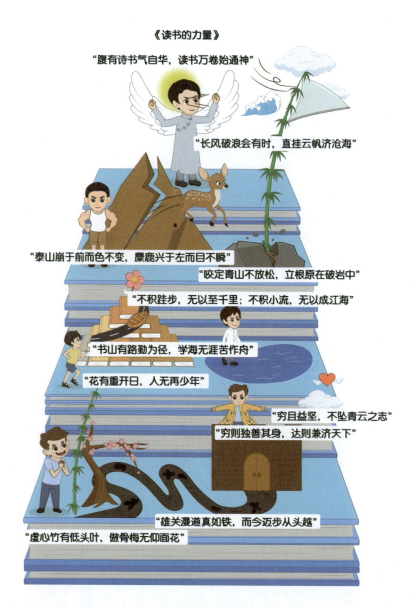

作文素材记忆示例

需要注意的是，记忆大段作文素材的时候，一定要清楚内容的结构，结合逻辑思维和图像串联一起记忆。

多多练习后，就能够将逻辑思维和图像联想思维结合起来娴熟运用，之后记忆其他素材也会如鱼得水。

第3节 数学记忆方法

数学是研究空间形式和数量关系的学科。学好数学很重要，因为很多学科研究都要用到数学知识。数学这门学科的特点是：逻辑严密、高度抽象、概括性强。数学中的论述是精确严谨的。数学中的概念、定义等往往直击事物的本质，舍弃了具体的例子，用高度抽象的、概括性的语言和形式结构来表达，具有广泛的应用性，但造成的结果就是数学知识难以理解。

学好数学要把握的方针是：首先，一定要思考和理解数学知识的本质，可以结合具体的例子来帮助理解，并锻炼自己的抽象思维和概括思维；其次，在理解的基础上，将所学的数学公式自己推导一遍。

从记忆的角度来说，数学中要记忆的知识其实不多，因为单个的数学公式不长，记忆量不大。而且只要我们理解了数学公式的来龙去脉，并把公式推导几遍，自然就记住了。

既然数学的记忆量不大，那为什么很多人还是记不住数学公式呢？

原因很简单，因为数学公式是用符号体系表示的，比汉字更抽象，如果不理解就难以建立回忆线索，很难记住。这也是为什么很多人上小学时数学可以经常拿满分，但到了初中、高中和大学之后，数学就变差了。因为小学只用背乘法口诀表和最基础的公式，哪怕死记硬背都可以拿高分，但越往深处学，公式符号越多，难度也越大，单纯地死记硬背就不管用了。因此，一定要深入理解数学知识，积累多种数学思维技巧，结合逻辑思维和图像空间思维，辅以高效刷题来巩固所学知识。笔者就是通过这种学习方式，使得中考数学接近满分，高考数学也仅扣了几分。

我们现在一起来看一看数学的学习和记忆。

一、用本质思维学好数学

学好数学的第一个要点就是要深入理解本质，最好自己把重要公式都推导一遍。

比如，我们耳熟能详的勾股定理：直角三角形的两条直角边的平方和等于斜边的平方。用公式表达如下。

例：勾股定理，$a^2+b^2=c^2$

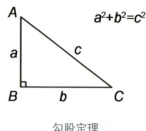

勾股定理

中国古代称直角三角形为勾股形，勾三股四弦五。勾是短的直角边，股是长的直角边，弦是斜边。"勾三股四弦五"的意思就是，当直角三角形中短的直角边的边长为3，长的直角边的边长为4的时候，斜边的长度就是5。3的平方加上4的平方，确实等于5的平方。但是数学学科是研究通用的规律、定理的，需要有广泛适用的结论，而不能仅有一个特例满足条件。

我相信大家应该对勾股定理的公式都很熟悉，但是比起记住公式，更重要的是理解公式是怎么推导出来的。

这个公式是$a^2+b^2=c^2$，式子里面有三个平方数，很容易让人联想到正方形的面积公式。我们可以分别做以a、b、c为边长的正方形。那就要证明，两个直角边对应小正方形的面积之和等于斜边所作的大正方形的面积。用面积分割的方法，好像一下子拼不起来。检查原来的条件我们会发现，还有一个条件没有使用，那就是$\angle ABC$是直角。也就是说，要把直角三角形的90°利用进去，恰好顶点C所在的正方形的这个角也是90°，而三角形的内角和是180°，马上可以联想到延长BC，BC延长线与顶点C所在的正方形的边长CD形成的夹角就与$\angle BAC$相等（即$\angle 1=\angle BAC$），如下图所示。

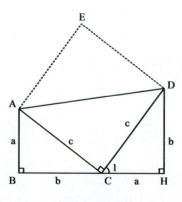

勾股定理证明

如果过点D向BC作垂线，相交于H，则三角形CHD也是一个直角三角形，直角边分别是a、b，斜边是c，与三角形ABC全等。如此一来，我们就把直角这个条件用上了。很自然地连接AD，通过面积相等可以得到：

$$S_{梯ABHD} = S_{\triangle ABC} + S_{\triangle CHD} + S_{\triangle ACD}$$

代入相应的数值得到：

$$(a+b)*(a+b)/2=ab/2+ab/2+c^2/2$$

两边同时乘以2，再展开得到：$a^2+b^2+2ab=2ab+c^2$，两边去掉2ab，即得到公式：

$$a^2+b^2=c^2$$

证毕。

总之，在证明数学公式的时候，一定要把每个条件都合理地用上。另外，这个证明也锻炼了我们数形结合的思想。

二、用形象思维学好数学

数学是非黑即白的，对的就是对的，错的就是错的，没有模棱两可的情况，如果不知道是对的还是错的，那就是不确定。对于有的数学公式和结论，可能一时很难证明，需要我们发挥想象力，用形象思维来辅助证明。

我们来看一个这样的例子。

例：请证明，相似图形的面积比等于相似比的平方。

在中学我们学过，相似三角形的面积之比等于相似比的平方，证明也很简单。可以对两个相似三角形作高，如果相似比为k，则底边和高的比都是k，三角形的面积等于底乘以高除以2，所以面积之比就是k^2。

对于正方形，也符合这个规律，而且更加直观。如果小正方形的边长是c，大正方形的边长是kc，那么大小正方形的面积之比就是$k^2c^2 : c^2 = k^2$。

但是这些都是特殊图形，不能用个例去证明广泛的规律，能不能把这个结论推广到任意图形呢？任意两个相似图形的面积之比是否等于相似比的平方呢？你可以自行思考一下，再往下看。

如果要证明任意相似图形都满足这个规律，那就不能用特殊图形（如三角形、正方形、长方形）来证明，而要用不规则图形。可是我们不知道不规则图形的面积公式，那要怎样计算呢？好像无从下手。

学好数学一定要把握本质。图形面积的本质是什么？回想一下，我们在小学时是怎么计算图形面积的。我们是数一个图形占据多少个小正方形格子。为什么长方形的面积是长乘以宽，为什么三角形的面积是底乘以高再除以2呢？其实很简单，都是建立在计算正方形面积的基础上的。一个边长为1cm的正方形，面积就是1cm²。长方形的面积就是将长和宽划分成一个个小正方形格子，看一共占据多少个正方形格子，而直角三角形的面积就是以两条直角边作为边长的矩形面积的一半。任意三角形都可以通过高作成两个直角三角形，再通过直角三角形面积与矩形面积的倍数关系，证明所有的三角形面积都是底乘以高除以2，如下图所示。

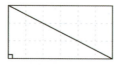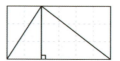

面积的本质

深入把握了面积的本质之后，对于任意不规则图形，我们都可以想象将这个不规则的图形放在很多个正方形格子上，不规则图形的内部可以分割成很多个小正方形，而边缘部分，有的占据小方格的大部分，有的占据小方格的小部分，可以通过数格子的数目来近似计算。但是，要想证明数学结论和广泛适用性，需要精确和严谨。

既然是比例关系的证明，肯定要借助比例关系。我们在用形象思维联想到格子或者棋盘之后，完全可以借助背景来进行证明。

比如，可以将不规则图形想象为一小片水，将背景想象为一块正方形的地板砖。如果两小片水的图形是相似的，相当于正方形地板砖和上面的不规则的水被同比例放大，则两小片水与两块地板所占的面积之比肯定相同。

如下图所示，假设任意两个相似图形的相似比为k，其中一个小的不规则图形占其所在正方形面积的比例为C，则另一个不规则图形占其所在大正方形面积的比例也为C。

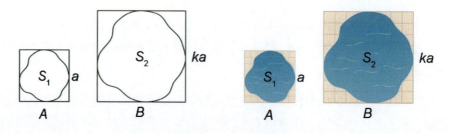

相似图形的面积比等于相似比的平方证明

写成公式为：$S_1 : S_A = C$；$S_2 : S_B = C$。而相似比为k，如果小正方形的边长为a，则大正方形的边长为ka。用S_A和S_B表示两个正方形面积，可以得到，$S_1 : S_A = S_2 : S_B$，调整顺序并计算可以得到：

$$S_2 : S_1 = S_B : S_A = (ka)^2 : a^2 = k^2$$

因此，任意两个相似图形的面积之比等于相似比的平方。

其实，如果把上述的"背景"换成长方形，结论也是一样的，因为两个相似长方形的面积比，也是等于相似比的平方。

通过这样的方式，我们深入理解了面积和相似，也通过图像和联想思维辅助我们进行了联想和证明。其实，完全可以直接用相似图形所在正方形的相似比例关系来证明这个结论，但笔者还是多花了部分笔墨在正方形小格子和三角形、长方形的面积公式讲解上，这是为了让你能更好地理解面积的本质，体会思维的推进过程，搞懂来龙去脉。

由于数学这门学科具有高度抽象和高度概括性的特点，因此一定要注重理解。对于数学公式，不要死记硬背，而是要去理解本质，所有的公式都应自己推导一遍，加深印象。除此之外，还要注意通过间隔重复的方法及时复习。

第4节　英语记忆方法

在第3章中，我们详细讲解了记忆单词、语法搭配和英语文章的方法，所以在这一节中，会梳理总结前述方法，并增补一些内容。

一、单词记忆方法

单词是英语学习的基础。记忆单词可以按照"拆—图—联"三步法去记忆，有四种主要拆分方式，分别是找单词、找拼音、找编码和找词根词缀。其中，编码法是最强大、最万能的方法，编码又分为单字母编码和字母组合编码。

除此之外，还有两大补充方法，对比记忆法可以记住形似单词或区分易混淆单词，多义串记法可以记住一个单词的多个意思。

另外，还有少部分单词可以用象形法和谐音法去记忆。

我们可以用象形法快速记住单词。

第7章

例1：level /'levl/ n.水平

象形：l——像木棍；eve——象形编码，猫头鹰

联想：猫头鹰eve站在两根木棍l之间的水平线上，水平好高level。

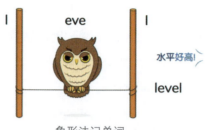

象形法记单词

例2：peep /pi:p/ v.偷窥

象形：pp——像屁屁；ee——象形编码，眼睛

联想：双眼ee偷窥peep屁屁pp。

象形法记单词

还可以用谐音法快速记住单词。

例1：loaf /loʊf/ n.一条面包 v.游手好闲

谐音："老夫"

联想：老夫拿着一条面包loaf游手好闲loaf。

谐音法记单词

例2：mango /ˈmæŋɡoʊ/ n.杧果

谐音："杧果"

联想：mango的发音就像杧果；也可以拆分记忆，男人man走go过来吃杧果mango。

谐音法记单词

除了"mango，n.杧果"之外，还有其他单词可以用谐音法快速记忆。比如"lemon，n.柠檬""coffee，n.咖啡""sofa，n.沙发""pest，n.害虫"等。

其实我们在单个字母和字母组合的编码中已经使用过象形法进行编码，但是对于整个单词的拼写，象形法却并不常用。而有时候用谐音记单词会非常有趣，甚至我们一辈子也很难忘记单词的意思。但是谐音法会影响单词的发音，而且用中文的谐音并不能保证准确地记住单词的拼写，比如"mango，n.杧果"还是得拆分记忆。因此，只有极少数特别巧的单词可以用谐音法，不建议大部分单词都用谐音法记忆。

总之，象形法和谐音法并不常用，你简单了解即可。

二、语法记忆方法

如果说单词是构建英语大厦的砖块，那么语法就是黏合砖块的水泥。第3章中已经详细讲了单词搭配和语法的学习方法，在此，再次强调一下学好语法的三个建议。

1. 系统学语法

首先，最好系统地去学习语法，按照词法和句法去系统学习，可以参考第3章中介绍的语法学习结构图，做到心中有数，对英语语法的结构了然于胸。

2. 逻辑思维学英语

其次，在学习语法和理解语法的过程中，一定要多问为什么，用逻辑思维去理解英语语法背后的逻辑和规律，而不只是死记硬背。

第7章

195

3. 学以致用

最后，为了更好地夯实语法基础，加强语法掌握的熟练度，一定要学以致用。可以在听说读写各个环节中用语法思维去验证。比如学完从句之后，在阅读中分析长句的句子成分和从句类型；学完不定式的几种作用后，就在句子中判断属于哪一种；学完虚拟语气，就用虚拟语气造句。

也希望你运用记忆法，轻松记住语法知识。

第 5 节　物理记忆方法

物理是一门实验与科学思维相结合的学科。有时候通过观察和实验提出理论假设，通过新的实验再去证实理论；有时候通过人为地引入一些概念、定义，让相应的物理量可以被精准测量和表达，方便人们更好地进行研究。

生物物理学家庄小威曾经说过，"物理不需要死记硬背，注重逻辑推理，一连串下来，理解了也就全部学会了"。确实如此，物理学科里面需要记忆的知识点并不多，很多物理概念、公式，只要弄清楚了来龙去脉，理解了自然而然就记住了。

学好物理学科要把握的方针是：一定要注重思维技巧的学习和应用。要注重理解，多问为什么，打破砂锅问到底，并结合逻辑推理、形象思维和现实生活中的现象、常识，去理解和巩固记忆。

所以，虽然这一节叫作物理记忆方法，我更愿意称其为物理理解记忆方法，因为理解了自然就记住了，重要的是学习背后的这种理解和记忆的思维。

现在一起来体验一下具体的物理思维学习。

一、用追问思维学好物理

物理学中涌现出了非常多的天才，比如牛顿、伽利略、麦克斯韦、爱因斯坦等，我们会觉得这些人本来就是天才，他们太聪明了！这些物理学家的聪明才智我们无法否认，但是对于学习者来说，重要的不是去感叹他们的聪明，去记住他们提出的学说理论，而是去学习他们的思维方法！他们为什么会有这样的想法，他们为什么会提出这些理论？我们要不断地去思考、去追问、去探究背后的思维真相！

假设自己在当时的环境下，有没有可能也产生相似的想法，也能提出相似的理论呢？通过大量像这样的思维训练，不断地去追问，并利用逻辑去推理和分析，我们不仅可以更好地理解和记住物理知识，还可以锻炼自己的物理思维。

牛顿是怎样提出"万有引力"的？

我们很小就知道牛顿的"万有引力"理论，地球对地球上的一切物体都有吸引力，但是却没有人告诉我们"万有引力"理论的来龙去脉。书上可能会写这样一个故事：坐在树下的牛顿被一个苹果砸中脑袋，牛顿就思考，是什么力使苹果下落呢？突然灵感爆发，他想到是地球对苹果的吸引力使成熟的苹果下落，于是提出了"万有引力"理论。

这样的故事确实很有趣，给人留下的印象也很深刻，但是它对我们掌握背后的物理思维却没有任何帮助。比如，为什么牛顿看到苹果落地就能想到万有引力，而有的人看到苹果落地只会捡起来去洗了吃。

现在，就请我们一起回到牛顿的年代，探究一下"万有引力"理论是怎么来的，如果自己处在当时那个年代，是否也能有相似的灵感。

1. 力与物体运动的关系

在思考万有引力之前，我们先要思考力与物体运动的关系。苹果是一个物体，苹果下落意味着苹果的运动状态发生了改变，从在树上静止变为下落到地上。那究竟是什么力使苹果下落呢？力与物体运动有什么关系呢？

在牛顿之前，亚里士多德认为，"必须有力作用在物体上，物体才能运动，没有力的作用，物体就会静止下来"。这个理论很直观，也容易理解。一个箱子，你推它，它就动，你不推它，它就停下来了。可是直观的经验感受就是正确的吗？未必如此。物理学需要严谨的逻辑思辨。

假设你推着箱子快速移动，突然停掉推力，箱子还会继续移动一段距离，在箱子停下来之前，箱子只受到了你的推力吗？很明显，并不是，箱子还会受到地面的摩擦力。箱子从静止到移动，是因为你给了箱子推力，且推力大于摩擦力；而停掉推力后，箱子从运动到静止，是因为有地面的摩擦力。所以力给物体的运动状态带来了改变，并不是维持物体运动的原因。这也是牛顿所认为的"力是改变物体运动状态的原因"。可见，直观的感受不一定正确。

我们进一步做想象实验，假设没有任何外力作用在物体上，物体应该有两种状态，要么静止，要么运动（这里的二分法，肯定正确）。静止很容易理解，那这里的运动状态是什么样的运动呢？假设在某一个时刻，物体运动的速度为v。因为物体没有受任何外力的作用，物体的运动状态也不会发生改变，速度依然为v，所以该物体会做匀速直线运动。这就是著名的牛顿第一定律："一切物体总保持匀速直线运动状态或静止状态，直到有外力迫使它改变这种状态为止"。

通过这样的思辨分析，就能得出正确结论。

2. 使苹果下落的力是从哪儿来的

我们知道了"力是改变物体运动状态的原因"之后，就可以进一步思考使苹果下落的力是什么了。苹果长在树上没有掉下来，是因为树枝连接着苹果，给了苹果一个拉力。那到底是什么力使苹果下落呢？比如，手心向下拿着苹果，一松手苹果还是会下落，力是改变物体运动状态的原因，手并没有接触到苹果，并没有往下砸苹果，也没有其他东西接触到苹果，不可能给苹果一个推力。那到底是什么力呢？不接触也可以产生力的作用。

"隔空"就能产生力，这很容易让人联想到磁铁的吸引力。磁铁就算不接触铁也会对铁也有吸引力。于是，我们可以很自然地猜测，一定是某种东西对苹果有向下的吸引力，促使苹果下落。但是苹果不是金属，所以肯定不是磁铁的吸引力，那到底是什么对苹果有吸引力呢？吸引力是把物体往靠近自己的地方吸引，苹果下落到地面，所以可能是地面对苹果有吸引力，地面是什么，不就是地球吗？

所以，我们可以猜测是地球对苹果有吸引力！结合生活所见，不管手上拿着石头、纸片还是金属，往上抛，最后都会下落到地面，所以这个力广泛存在。这说明地球对地面上的万事万物都有吸引力。由于力的作用是相互的，地球对苹果有吸引力，反过来苹果也对地球有吸引力，那苹果对其他物体可能也有吸引力。牛顿后来通过研究和推导，发表了"万有引力"定律：认为自然界中的任意两个物体都是相互吸引的。（以上仅为笔者的思辨过程。）

通过这样的思考追问，我们好像也能够拥有这样的灵感，提出"万有引力"定律。当然，在牛顿那个时代是否能够联想到呢？牛顿提出"万有引力"定律的时间是1687年。而事实上，几千年前人类就发现了天然磁铁，中国古人很早就发明了指南针；即使是牛顿所在的英国，1600年英国人威廉·吉尔伯特也发表了关于磁的专著《磁石论》，而牛顿1643年出生在英国，所以他大概率知道磁铁的存在，很容易联想到吸引力，提出"万有引力"也就顺理成章了。

虽然距离牛顿提出"万有引力"定律的时间已经过去几百年了，我们可能无法知道牛顿提出万有引力的全部真实思维过程，但是通过这样追问的思维探索，我们会发现，原来自己也能理解，甚至也有可能提出这样的理论，是不是感到非常开心呢？

我们天生就拥有提问的能力，也拥有理解的能力，只是我们要培养自己不断追问的习惯，以及多思考、多假设、多探究，掌握多种科学思维技巧，这样学习自然科学的时候就能更轻松。

二、用假设思维学好物理

物理学科中有很多情况会违反我们的直觉，非常容易出错，但是通过严密的思维和实验假设就能找到背后的真相。比如物理学家伽利略在比萨斜塔做的自由落体实验。在伽利略之前，很多学者都认为，物体下落的快慢是由它们重量的大小决定的，物体越重，下落得越快，这种说法由亚里士多德最早提出。石头下落得快，叶子下落得慢，很直观。可是，直观的经验感受不一定就是正确的。我们要多多思考。

从观察现象到推理出结论，这个过程需要严谨的思维，而且推断出的物理规律需要有普适性。如果得出结论：物体越重，下落的速度越快。那就要对所有物体都适合。

伽利略就通过巧妙的思维实验，指出了这种说法的内在矛盾。伽利略认为：如果按照亚里士多德的观点，一块大石头的下落速度要比一块小石头的下落速度快，假设大石头的下落速度为8，小石头的下落速度为4。如果把这两块石头绑在一起，它们下落的时候，下落快的大石头会被下落慢的小石头拖着减慢，下落慢的小石头会被下落快的大石头拉着加快，所以绑在一起的时候，两块石头的下落速度应该在4到8之间，但是由于两块石头绑在一起，加起来比大石头还要重，所以绑在一起后的下降速度应该大于8。很明显，这就自相矛盾了，说明亚里士多德的观点是错误的。

不仅是思维实验，伽利略还做了真实的实验。他当着很多人的面，在比萨斜塔上用两个质量不同的铁球做自由落体实验，结果两个铁球同时落地，推翻了亚里士多德的论断。

所以，根据直接观察所得出的直觉的结论并不总是可靠的。我们常说透过现象看本质，但是，通过单一的具体现象去推理出一般性的规则，在这个过程中一定要注意推理的严谨性。要多思考，这样推理是否合理，是否有反例，并进行大量的想象实验，用假设思维帮自己找到背后的真相。

三、用逆向思维学好物理

小到原子分子，大到宇宙天体，都是物理学的研究范围。几千年前的哲学家就在思考，人类是从哪儿来的？物理学家也在思考，宇宙是怎么诞生的？为什么地球

第7章

围绕太阳转？维持地球公转的最初的力是怎么来的呢？

关于宇宙的诞生，有学者认为是宇宙大爆炸造成的。"大爆炸宇宙论"（The Big Bang Theory）认为，宇宙是由一个致密炽热的奇点于100多亿年前的一次大爆炸后膨胀形成的。在大爆炸之前，奇点的体积无限小，密度无限大，爆炸后就形成了现在的宇宙星系。

那为什么会提出大爆炸理论呢？一个奇点爆炸的方式，这也太难想到了吧。

假设我们回到20世纪上半叶，1917年，维斯托·斯里弗等人观测星云发现，很多星云在光谱上出现了红移现象，这表明它们在远离我们。

类似于声波中的多普勒效应，火车从远而近时，汽笛声变大，但波长变短；火车从近到远时，汽笛声变小，波长变长。我们可以通过观测电磁波谱的移动变化，来判断天体是在靠近我们还是在远离我们。当光源远离观测者运动时，观测者观察到电磁波谱谱线朝红端移动了一段距离，这就是红移。另外，哈勃也提出了哈勃定律：遥远星系的退行速度与它们和地球的距离成正比。

好了，现在我们知道了很多天体在远离我们，这跟宇宙大爆炸有什么关系呢？通过观测，我们了解到宇宙在膨胀，那宇宙是怎么诞生的呢？我们可以很自然地往回思考，运用逆向思维，膨胀的相反运动就是收缩。假设时光倒流，宇宙的星系开始收缩、收缩，不断地收缩，会变成什么，很可能会缩小到一个点，这不就是奇点吗？由于宇宙中天体众多，能量很大，所以在最开始，奇点的体积无限小，密度无限大，蕴含超强的能量，于是在某个时间点爆炸了，产生了宇宙星系。

如此看来，我们可以运用逆向思维来帮助理解物理学中的理论，甚至是自己也能产生相关的灵感想法。当然，这些都是理论假设，举此例只是希望你能运用逆向思维，多多思考。

四、用定量思维学好物理

物理学科中还有很多公式，很多同学死记硬背公式，没有理解，很容易忘记和出错。我们可以通过定量思维加深对物理公式的理解和记忆。在定量思维的基础上，其实只要理解了概念，自然而然地就记住了公式。

如果你学了不少物理公式，会发现这样一个有趣的现象：物理中很多公式的说明会有"和什么成正比，和什么成反比"这样的字眼。"正比"意味着两个变量的比值为常数，"反比"意味着两个变量的乘积为常数，所以正比、反比是定量关系而不是定性关系。

物理学中的大部分公式其实就是加减乘除，所以可以在理解的基础上，结合概念的意义和定量思维，以及生活中的经验感受，快速记住公式。

现在来看一看具体的公式示例。

例：牛顿第二定律——$F=ma$

这是一个关于力（F）、质量（m）和加速度（a）的公式。

牛顿第一定律告诉我们，如果不受外力作用，物体的运动状态不会发生改变。所以，物体的运动状态发生了改变，则一定受到了外力的作用。力是使物体运动状态发生改变的原因，而物体运动状态发生改变时，物体具有加速度，所以，力是使物体产生加速度的原因。

通过实验研究表明：（1）对于质量相同的物体，物体的加速度跟作用在物体上的力成正比，即$a \propto F$。（2）在相同的力的作用下，物体的加速度跟物体的质量成反比，即$a \propto \frac{1}{m}$。

上述两个结论是实验得到的，也很容易理解。质量相同，力越大，加速度越大；力相同，质量越小，加速度越大。定性的关系很容易理解，但是通过实验发现是成正比或反比的定量关系，这样就方便计算了。

只有正比、反比还不够，上述的两个结论结合起来，就可以得到牛顿第二定律的结论：物体的加速度跟作用力成正比，跟物体的质量成反比，这个结论用公式来表达就是$a \propto \frac{F}{m}$。

而正比的意思就是两个变量的比值是一个常数，即$\frac{F}{m}$与a的比值是一个常数，假设该常数为k，则$\frac{F}{m}:a=k$化简得$F=kma$。

那为什么牛顿第二定律是$F=ma$的形式，没有k呢？很简单，为了计算的方便，我们可以定义力的单位，从而把常数k消掉。我们知道质量的国际单位是kg，加速度的国际单位是m/s²，而力的单位定义是牛顿，符号为N，假设把1牛顿大小的力定义为：加在质量为1kg的物体上，使之产生1m/s²加速度的力，$1N=1kg \cdot 1m/s^2$，那么常数k就消掉了。

所以，最后的公式就是$F=ma$。如果知道了来龙去脉，再结合生活经验体会，自然而然就将公式记住了，而且还把对应物理量的单位关系理解得更深刻了。

通过实验发现物理量之间的正比、反比等定量关系而得出的物理公式还有不少。比如电压、电流和电阻的公式：$U=IR$，其实通过$R=U/I$来理解更快更容易。

同样，也有很多直接通过定义而得到的公式，比如密度的定义公式：$\rho=m/V$；电场强度的定义公式：$E=F/q$，其实只要理解了就记住了。

学习物理一定要深入理解和思考物理量所代表的意义和来源。如果只是简单机械地记忆概念、定义甚至是公式，而没有弄懂来龙去脉，就会学得似懂非懂，最后考试也不会尽如人意。学了这一节的内容，希望你能意识到思维的重要性，注重培养自己的逻辑思维，多追问，多思考。相信物理的学习会变得更简单、更有趣。

第 6 节　化学记忆方法

化学这门学科的特点是：以实验为基础，化学反应复杂多变，涵盖内容范围广泛，需要记忆的信息类型众多。比如既要记忆物质的颜色、气味、性质，还要记忆化学反应方程式中的符号、数字、条件等。

学好化学学科要把握的方针是：在理解的基础上，调动多种感官记忆，并结合现实生活中的现象和应用，加深理解和记忆。

现在一起来看具体的记忆示例。

一、用配对联想法和串联记忆法记忆化学中的短内容

化学学科中的大部分知识点是需要理解记忆的，理解了就能记住。还有部分知识是客观事实，对于这些零散的知识点，在理解的基础上，可以用配对联想法和串联记忆法去快速记忆。

1. 配对联想法记忆化学知识

对于一个题目对应一个知识点的化学内容，可以用配对联想法记忆。具体示例如下。

（1）空气的成分：氮气占 78%，氧气占 21%，稀有气体占 0.94%。

记忆：直接配对联想，青蛙（78%）吐出舌头像发射导弹一样（氮气）；鳄鱼（21%）在水里能憋气很久，不会缺氧（氧气）；这点首饰（0.94%）很稀有（稀有气体）。

（2）某些金属或它们的化合物在无色火焰中灼烧时使火焰呈现特殊颜色的反应叫作焰色反应；钠的焰色反应为黄色，钾的焰色反应为紫色，铜的焰色反应为绿色。

记忆：焰色反应，根据标题很容易理解记忆，颜色用配对联想，火焰照着，皮肤蜡黄（钠—黄色）；甲子穿紫色（钾—紫色）；青铜器表面有铜绿（铜—绿色）。

（3）俗名记忆：苏打是 Na_2CO_3（碳酸钠）；小苏打是 $NaHCO_3$（碳酸氢钠）；大苏打是 $Na_2S_2O_3$（硫代硫酸钠）。

记忆：配对联想，速速到达（苏打），好累，双腿瘫软还很酸呐（碳酸钠）；小的东西比较轻（氢），所以小苏打是碳酸氢钠；长大毕业后拨一个巨大的流（硫）苏，所以大苏打是硫代硫酸钠。

2. 串联记忆法记忆化学知识

对于一个题目对应多个知识点的化学内容，可以用串联记忆法记忆。具体示例如下。

（1）浓硫酸有强烈的吸水性、脱水性和氧化性。

记忆：理解记忆；或者提取关键字，吸、脱、氧，串联记忆，浓硫酸不小心泼到了吸氧的人的衣服上，赶紧脱掉衣服。

（2）玻璃棒的作用有：搅拌、导流、转移固体、引发反应、蘸取溶液、粘取试纸。

记忆：提取关键字，"搅—导—转—发—蘸—粘"，谐音"教导转发两站"，串联记忆，教导员转头把玻璃棒发给两个站着的学生，一个学生蘸（zhàn）取溶液，一个学生粘（zhān）取试纸。

（3）金属活动性顺序表：钾钙钠镁铝，锌铁锡铅（氢），铜汞银铂金。

记忆：理解后，直接谐音串联记忆，"嫁给那美女，心铁喜前倾，童工赢铂金"。其中，氢之前的是活泼金属，氢之后的是不活泼金属。

可以看到，大量零散的化学知识点可以用配对联想和串联记忆法快速记住，而且很容易就能区分记忆易混淆知识点，记忆效果很好。

二、用故事法记忆化学元素周期表

化学元素周期表是化学学科中非常重要的内容，它揭示了不同元素的性质随原子量递增而周期性变化的规律，也揭示了元素之间的内在联系和元素的共性。但很多同学要花很长时间才能背下来。

　　化学元素周期表是将不同的化学元素按照原子量从小到大排序，以前面的30个化学元素为例，我们可以用谐音法编故事来快速记住这些元素（如果已经通过机械记忆记住了这些元素，就不要用谐音记忆了）。

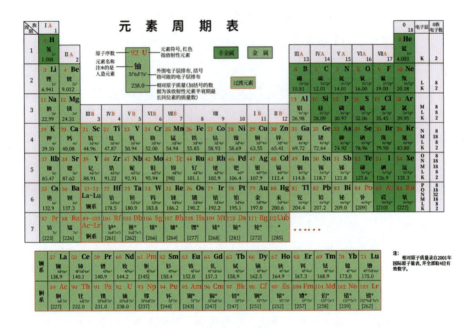

化学元素周期表

前30个化学元素为：

　　　　氢氦锂铍硼；碳氮氧氟氖；

　　　　钠镁铝硅磷；硫氯氩钾钙；

　　　　钪钛钒铬锰；铁钴镍铜锌。

可以用谐音法，转化成：

　　　　青海梨皮朋，谈到养肤奶；

　　　　那美女桂林，柳绿芽钾钙；

　　　　抗台凡各猛，铁骨猎同心。

　　然后编一个故事：青海（氢氦）有个喜欢吃梨皮（锂铍）的朋（硼）友，谈到（碳氮）可以养肤（氧氟）的牛奶（氖）；说那美女（钠镁铝）来自桂林（硅磷），拿着柳绿芽（硫氯氩）蘸着钾和钙（钾钙）补充营养。突然狂风大作，抗台（钪钛）风的凡（钒）人各（铬）个都很猛（锰），和铁骨（铁钴）铮铮的猎（镍）人同心（铜锌）协力战胜了台风。

记忆图如下所示。

氢氦锂铍硼（青海梨皮朋）　碳氮氧氟氖（谈到养肤奶）

钠镁铝硅磷；硫氯氩钾钙　　　钪钛钒铬锰；铁钴镍铜锌
（那美女桂林，柳绿芽钾钙）　（抗台凡各猛，铁骨猎同心）

化学元素周期表前 30 位记忆

如果之前没有背过元素周期表，用这个故事几分钟就能快速记牢前30个化学元素，这个故事可以作为回忆线索。至于单个元素的字的写法和读音，可以直接用前面介绍的中文的字词记忆方法去记忆，即用声旁或者谐音法记住读音，用分解法和图像联想法记住字形，大部分元素都是形声字，比较简单。

当然，如果之前已经会背元素周期表，就不必再将谐音转化成故事去记忆了。

除此之外，对于元素周期表而言，我们不仅要记忆元素的顺序，还要记住每个元素所在表格中的原子序数和相对原子质量，也要记住元素的符号。序数和相对原子质量就是数字，我们可以用数字编码轻松记住。而元素符号也比较容易记，对于比较难的、容易出错的可以用字母编码法或者拼音法来联想记忆。

对于元素而言，我们是五个五个地记，所以比较方便定位，而大部分化学元素的相对原子质量约是元素序数的两倍（因为大部分化学元素原子的质子数和中子数相等）。所以，我们可以只记忆特殊的元素。

比如，钠的元素符号是Na，原子序数是11，相对原子质量约为23。数字11的编码是筷子，数字23的编码是耳塞。我们就可以联想，钠的拼音就是"na"，用筷子（11）夹住那（钠Na）个耳塞（23）。

再比如，溴的元素符号是Br，原子序数是35，相对原子质量约为80。双字母组合br的编码是白人，数字35的编码是山虎，数字80的编码是巴黎铁塔。可以联想，一只山虎（35）嗅（溴）到了巴黎铁塔（80）旁边的白人（Br）。

总之，用这样的方法，很快就能记住元素周期表中的各项内容，关键是一定要在理解的基础上，建立起回忆线索。

三、用综合法记忆化学反应方程式

很多人觉得化学反应方程式比较难记，既有符号又有数字，但实际上，事物之所以出现都是有原因的。化学反应方程式正是化学思维的体现，因为它清晰地表明了反应物、生成物和反应条件，并且化学反应方程式的系数也清晰地展示了反应物和生成物的数量关系，所以更容易帮助我们理解和记忆。

比如，如果我们要记忆一个化学反应，铁跟硫酸铜溶液反应，生成了硫酸亚铁和铜，直接看文字好像感受并不深刻。对应的化学反应方程式是：

$$Fe+CuSO_4 = Cu+FeSO_4$$

结合该化学反应方程式，可以很清晰地看到，1摩尔铁和1摩尔硫酸铜反应，生成了1摩尔铜和1摩尔硫酸亚铁，一目了然。结合前面记忆的金属活动性顺序表，因为铁比铜的活动性更强，所以置换出了铜，并且生成了硫酸亚铁，也很好理解。

可见，化学元素符号和化学反应方程式其实是一种思维，能够让我们更直观地看到化学反应中的变化，前提是记住物质的化学式。

可是如果化学反应方程式有很多，该怎么办呢？可以综合多种方法记忆。我们来看一看具体的例子。

（1）碳和氧化铁的置换反应

$$3C+2Fe_2O_3 \xrightarrow{\text{高温}} 4Fe+3CO_2\uparrow$$

记忆：观察后直接联想记忆，氧化铁是三氧化二铁，高温下，碳（C）和氧化铁（Fe_2O_3）的系数刚好是3和2，后面的生成物根据质量守恒定律配平即可。

（2）氢氟酸刻蚀玻璃的反应

$$4HF+SiO_2 = SiF_4\uparrow+2H_2O$$

记忆：HF（氢氟酸）中的F是负一价，而SiO_2（二氧化硅）中的Si是正四价，所以很容易得到前者的系数是4，后面的生成物根据质量守恒定律配平即可。另外，04的数字编码正好是小汽车，小汽车的挡风玻璃的主要成分就是二氧化硅，可以联想小汽车的挡风玻璃被氢氟酸腐蚀了，所以比例系数是4比1，同样能强化记忆效果。

可以看到，在理解的基础上，我们综合运用了观察法、谐音法和数字编码法，快速记住了化学反应方程式，而且结合质量守恒定律，可以记得又快又准。

第 7 节 生物记忆方法

生物这门学科的特点是：知识涉及面广，既需要观察生物现象，记忆一些具体的事实、概念，又需要逻辑分析，掌握一些相应的研究方法。除此之外，生物学科还兼具直观和抽象的特点，生物与我们的生活息息相关，我们可以直观地看到一些生命活动、生物现象，但微生物和细胞层面、分子层面的知识点，又较为抽象，需要我们利用形象思维去想象。

学好生物学科要把握的方针是：结合实际生活，发挥自己的逻辑思维和形象思维去辅助理解知识，再使用中文记忆的方法去快速记忆。

现在一起来看具体的记忆示例。

一、用配对联想法和串联记忆法记忆生物中的短内容

生物学科中有很多比较零散的知识点，长度不长，但是数量较多，单个比较容易理解，但是多了就容易忘记。我们可以用配对联想法和串联记忆法去快速搞定。

1. 配对联想法记忆生物知识

对于一个题目对应一个知识点的生物内容，可以用配对联想法记忆。具体示例如下。

（1）植物种群密度的调查方法是样方法；动物种群密度的调查方法是标志重捕法。

记忆：直接配对联想，植物长在一模一样的方形土地上（样方法）；动物会跑，一个同志捕捉动物做好标记后，再重新捕捉（标志重捕法）。

（2）用双缩脲试剂可以检测生物组织中的蛋白质；用斐林试剂可以检测生物组织中的还原糖。

记忆：配对联想，想象双黄蛋上有尿会收缩（双缩脲试剂）；飞到树林里去还一颗糖（斐林试剂）。

（3）叶绿体是进行光合作用的场所；线粒体是细胞进行有氧呼吸的主要场所；核糖体是细胞内合成蛋白质的场所。

记忆：植物有绿色的叶子进行光合作用（叶绿体）；做有氧运动，慢跑去献礼（线粒体）；喝完糖水发现里面有一个蛋白（核糖体）。

（4）缺乏维生素A容易患夜盲症；缺乏维生素B1容易患脚气病；缺乏维生素C会引起坏血病；缺乏维生素D会得佝偻病、骨质疏松症。

记忆：两两配对联想，啊a，夜盲症晚上看不清路（维生素A）；脚上夹着1支铅笔B（维生素B1）；切开富含维生素C的血橙，里面居然坏了，像坏的血管（维生素C）；弟弟d骨质疏松，还有点佝偻（维生素D）。

2. 串联记忆法记忆生物知识

对于一个题目对应多个知识点的生物内容，可以用串联记忆法记忆。具体示例如下。

（1）植物的营养器官是根、茎、叶；生殖器官是花、果实、种子。

记忆：直接根据逻辑串记，植物需要从土地吸收营养，所以营养器官从下到上是根、茎、叶；植物先开花后结果，果实里有种子，所以生殖器官是花、果实、种子。

（2）绿色植物可以分为四大类群：藻类植物、苔藓植物、蕨类植物和种子植物。

记忆：提取关键字，"藻—苔—蕨—种"，谐音"灶台绝种"，串联记忆，灶（藻类植物）台（苔藓植物）的温度高，四大绿色植物都绝（蕨类植物）种（种子植物）了。

（3）蛋白质的五大作用：①组成生物体和细胞的结构成分；②催化作用；③运输作用；④免疫作用；⑤调节作用。

记忆：提取关键字，"结—催—运—免—调"，调整顺序并谐音，"催姐运面条"，串联记忆，催姐姐运送面条吃鸡蛋面，补充蛋白质。

（4）八种成人必需的氨基酸分别是：苯丙氨酸、蛋氨酸、赖氨酸、苏氨酸、色氨酸、亮氨酸、异亮氨酸、缬氨酸。

记忆：提取关键字，"苯—蛋—赖—苏—色—亮——亮—缬"，谐音"笨蛋来宿舍亮一亮鞋"，联想一个成年人笨蛋来宿舍亮一亮新买的名牌鞋，被发现是假货，这么笨，必须补充氨基酸了。

可以看到，大量零散的生物知识点可以用配对联想和串联记忆法快速记住，关键在于，要在理解的基础上，建立起知识间的联系。

另外，当运用谐音法进行记忆的时候，一定要注意还原的准确性。

二、用标题记忆宫殿记忆生物中的长内容

可以使用标题记忆宫殿来记住生物中较长的内容，具体示例如下。

例：请记忆糖类的元素、种类和功能。

1.糖类的组成元素是：C、H、O。

2.糖类的种类和功能如下表所示。

分类	概念	常见种类		分子式	（主要）分布	主要功能
单糖	不能水解的糖	五碳糖	核糖	$C_5H_{10}O_5$	动植物细胞	RNA的组成成分之一
			脱氧核糖	$C_5H_{10}O_4$		DNA的组成成分之一
		六碳糖	葡萄糖	$C_6H_{12}O_6$		细胞生命活动所需要的主要能源物质
			半乳糖			提供能量
			果糖		植物细胞	
二糖	由两分子单糖脱水缩合而成的糖	蔗糖（葡萄糖+果糖）		$C_{12}H_{22}O_{11}$	植物细胞，如在甜菜、甘蔗中较多	水解成单糖而供能
		麦芽糖（葡萄糖+葡萄糖）			植物细胞，如在发芽的小麦中较多	
		乳糖（葡萄糖+半乳糖）			人和动物的乳汁	
多糖	水解后能够生成许多单糖的糖	淀粉		$(C_6H_{10}O_5)_n$	植物细胞	植物细胞中重要的储能物质
		纤维素				植物细胞壁的主要组成成分
		糖原	肝糖原		动物肝脏	储存能量，调节血糖
			肌糖原		动物肌肉	储存能量

糖类的种类和功能

上述表格中的内容很多，我们可以结合标题记忆宫殿和逻辑法来记忆，抽丝剥茧，化繁为简，一一记住。

首先，来记忆糖类的组成元素，用标题记忆宫殿，标题是"糖"，糖也称为碳水化合物，顾名思义，就是在化学式的表现上类似于"碳"和"水"的聚合，而碳的元素符号为C，水的化学式是H_2O，所以糖类的组成元素自然就是C、H、O三种。

　　其次，再来记住表格中的所有内容。记忆思路为，在理解的基础上先记大点，再记小点。

　　糖类分为三种，单糖、二糖和多糖。单糖是不能水解的糖（已经水解成单个了，当然不能继续水解），二糖是由两分子单糖脱水缩合而成的糖；多糖是水解后能生成许多单糖的糖。这三个概念根据名称就很容易理解记忆。值得一提的是，很多学科中的名词之所以叫这个名词，都是有原因的，所以其实可以通过名词来帮助理解和记忆。

　　然后，再来记忆每一种类别的糖的所有内容。

　　单糖分为五碳糖和六碳糖，根据名称可知，分子式分别含有5个碳和6个碳。五碳糖又包含核糖和脱氧核糖，观察分子式会发现，五碳糖中的核糖的分子式是$C_5H_{10}O_5$，相当于5分子碳对应5分子水（糖是碳水化合物），所以五碳糖中核糖的分子式就是$C_5H_{10}O_5$，而脱氧核糖可以联想，脱去了一个氧（O），所以分子式就是$C_5H_{10}O_4$。核糖是RNA的组成成分之一，脱氧核糖是DNA的组成成分之一，这两个很容易理解记忆，因为RNA就是核糖核酸，DNA就是脱氧核糖核酸，根据名称就记住了。再联想数字05的编码是手，一手掌控基因相关的糖，即核糖和脱氧核糖。同理，六碳糖就联想6个碳对应6分子水，分子式就是$C_6H_{12}O_6$。数字06的编码是手枪，联想一枪打中一个葡萄果，果汁流了一半到乳房上。一个葡萄果，所以，葡萄糖、果糖是单糖，加深记忆。另外，乳糖是二糖，所以半乳糖是单糖。葡萄糖是细胞生命活动所需的主要能源物质，这个也比较简单。单糖的分布，可以这样记忆，果糖联想到果子，分布在植物细胞中，其他几个单糖在动植物细胞中都有。

　　二糖包括蔗糖、麦芽糖和乳糖。直接联想，甘蔗有两头，麦芽糖吃到两颗乳牙上了，所以都是二糖。或者联想乳房有两个，所以乳糖是二糖。再用名称记住分布，蔗糖在甘蔗中较多，麦芽糖在发芽的小麦中较多，所以都在植物细胞中。而乳糖在人和动物的乳汁中，所以叫乳糖。二糖的作用是水解成单糖而供能，很容易理解。再来记忆三个二糖水解的单糖形式，观察发现都有葡萄糖。蔗糖联想到甘蔗汁像果汁一样甜，所以水解成葡萄糖和果糖；麦芽糖联想小麦发芽，两个小芽上有两颗葡萄，所以水解成两分子葡萄糖；乳糖有"乳"字，水解成一分子葡萄糖和一分子半乳糖。最后记忆分子式，单糖葡萄糖的分子式是$C_6H_{12}O_6$，而二糖是由两分子单糖脱水缩合而成，所以$C_6H_{12}O_6$下标数字乘以2，再减去一个水分子H_2O，自然就是$C_{12}H_{22}O_{11}$。

　　多糖包括淀粉、纤维素和糖原，淀粉有很多粉，纤维素和糖原可以联想有很多，所以都是多糖。淀粉和纤维素存在于植物细胞中，而糖原存在于动物细胞中，还有纤维素是植物细胞壁的主要组成成分，这些结合生活常识很容易理解记忆。糖原分为肝糖原和肌糖原，分别分布在动物肝脏和动物肌肉中，根据名称即可理解记忆。因为单糖可提供能源，而多糖可以水解成很多单糖，所以多糖可以储存能量，根据逻辑记忆。最后记忆分子式，多糖可以联想成很多个单糖脱水而成，而增加一分子单糖，就会脱去一分子水，所以对应的分子式就是$(C_6H_{10}O_5)_n$。

就这样，我们结合标题记忆宫殿和逻辑理解，从主干到分支细节都记牢了。使用标题记忆宫殿不仅可以从标题中提取地点去记忆知识，还可以利用标题作为回忆线索，帮助我们更好地用逻辑记忆。

生物学科中有很多概念和对应的知识，这些都可以利用标题记忆宫殿去理解和记忆，建立起回忆线索，记得更牢固。

第8节 政治记忆方法

政治这门学科的特点是：内容覆盖广，记忆量大，而且比较抽象，难以理解和记忆。

学好政治学科要把握的方针是：结合实际生活、社会现状去理解，在理解的基础上再用图像联想的方法去记牢。

现在一起来看具体的记忆示例。

一、用配对联想法和串联记忆法记忆政治中的短内容

政治学科中有很多看起来比较零散的知识点，每个知识点的长度虽然不长，但是像这样的知识点数量有很多，死记硬背需要花不少时间。我们完全可以用配对联想法和串联记忆法去快速记住。

1. 配对联想法记忆政治知识

对于一个题目对应一个知识点的政治内容，可以用配对联想法记忆。具体示例如下。

（1）依法治国的核心是依宪治国。

记忆："宪"字里有个"先"字，依法治国，要依据最核心、最一马当先的

法，当然就是宪法（宪法是国家的根本大法）。

（2）时代精神的核心是改革创新。

记忆：直接配对联想，新时代要改革创新；也可以进一步想象站在时代的浪潮上大手一挥，表示要改革创新。

（3）全面创新的核心是科技创新。

记忆：提取关键字"全""科"，全面发展需要全科都学好，所以是科技创新；或者联想，科技改变了生活的所有方面（全面）。

（4）中国特色社会主义的根本原则：共同富裕。

记忆：中国特色联想到中国功夫，"功夫"谐音"共富"，就是共同富裕。

对于上述政治内容，在理解的基础上，直接配对联想记忆即可。

2. 串联记忆法记忆政治知识

对于一个题目对应多个知识点的政治内容，可以用串联记忆法记忆。具体示例如下。

（1）我国民族政策的三大原则是：民族平等原则、民族团结原则、各民族共同繁荣的原则。

记忆：提取关键信息，平等、团结、共同繁荣，根据前后逻辑串联联想，我国是个多民族国家，民族平等才能团结，团结才能共同繁荣；或者提取三个字"平""团""繁"，调整顺序后谐音成"平饭团"，每个民族都平等地发大饭团，让大家团结起来，共同繁荣。

（2）我国基层民主的四大内容和形式：民主选举、民主决策、民主管理、民主监督。

记忆：提取关键信息，选举、决策、管、监，调整顺序后串联记忆，基层民主选举出代表来决策事务，还有其他人民监管。

（3）先进文化的六大特征：科学性、时代性、民族性、开放性、群众性、创新性。

记忆：提取关键字，科学、时代、民、开、众、创，调整顺序后串联记忆，有先进文化的民众开创了科学时代。

可以看到,大量零散的政治知识点可以用配对联想和串联记忆法快速记住,关键在于,一定要在理解的基础上,建立起知识间的联系。

二、用标题记忆宫殿记忆政治中的长内容

可以使用标题记忆宫殿来记住政治中较长的内容,具体示例如下。

例:请记忆中华人民共和国成立初期的三大民主政治制度。

1. 人民代表大会制度。人民代表大会制度是中国的根本政治制度,为民主政治建设奠定了基础。

2. 中国共产党领导的多党合作和政治协商制度,是我国的基本政党制度。

3. 民族区域自治制度,是基本的民族制度,实现了民族平等,保证了祖国统一和民族团结,有利于实现各民族的共同繁荣。

在上述内容中,标题的关键信息是三大民主政治制度,对应的三个制度分别是:人民代表大会制度、中国共产党领导的多党合作和政治协商制度、民族区域自治制度。

可以从三大民主政治制度中提取三个关键字:"民""政""治",当作标题"挂钩",再把这三个字依次与三大制度进行联想记忆。

民,联想到人民,对应"人民代表大会制度"。

政,联想到政党,对应"中国共产党领导的多党合作和政治协商制度"。

治,联想到自治,对应"民族区域自治制度"。

通过标题"挂钩"记住了大的知识点,再用大知识点当作"挂钩"记住大知识点下面的小点,就能快速记住全部内容。具体记忆如下。

1. 人民代表大会制度。人民代表大会制度是中国的根本政治制度,为民主政治建设奠定了基础。

通过"民"记住了人民代表大会制度,我们可以想象一个人大代表。后面的小知识点提取关键信息,"根本政治制度""民主政治建设""奠定基础"。

人大代表代表着人民的利益,所以是根本政治制度,标题中问的是三大民主政治制度,既然是民主政治制度当然是对民主政治建设有用,所以奠定了基础。

2. 中国共产党领导的多党合作和政治协商制度,是我国的基本政党制度。

第一条是"根本"制度，第二条和第三条都是"基本"制度，根基根基，"根"在前，"基"在后，所以第二条和第三条都是基本制度。第二条是说政党，所以是"我国的基本政党制度"。

3. 民族区域自治制度，是基本的民族制度，实现了民族平等，保证了祖国统一和民族团结，有利于实现各民族的共同繁荣。

刚刚说了，前面是"根"，后面是"基"，民族区域自治制度，是关于民族的制度，所以是"基本的民族制度"。中国是一个多民族国家，对少数民族的民族区域自治制度实现了民族平等，保证了祖国统一和民族团结，民族团结后就有助于共同繁荣。可以想象56个民族的人一样高（民族平等），同在国旗下（祖国统一），手牵手（民族团结），共同载歌载舞（共同繁荣）。

标题记忆宫殿记忆政治示例

通过这样的方式，我们就能快速、准确地记住大段的政治内容。

除此之外，也可以利用万事万物记忆宫殿记住政治内容，重点是构建相应的图像场景。

总之，我们在记忆的时候一定要建立回忆线索，可以结合逻辑理解的逻辑联想，也可以基于理解基础上的图像场景进行联想。联想的时候，也可以调整关键字的顺序，让记忆更顺畅。

第7章

第9节 历史记忆方法

历史这门学科的特点是：内容多，而且有大量的年代信息，很容易混淆和忘记。不过历史学科的结构性很强，绝大多数内容都是时间、地点、人物、背景、事件和意义，时间和年代可以用数字编码转换出图，其余部分很容易出图记忆，所以非常适合用图像记忆。

学好历史学科要把握的方针是：结合时间线梳理发生的重要事件，同时对比中国和世界的历史发展，放到大的历史背景中把握整个历史脉络，在理解的基础上再结合数字编码和中文记忆的方法等去记牢。

现在一起来看具体的记忆示例。

一、用配对联想法和串联记忆法记忆历史中的短内容

历史学科中有很多比较短的内容，可以用配对联想法和串联记忆法去快速搞定。

1. 配对联想法记忆历史

对于一个题目对应一个知识点的历史内容，可以用配对联想法记忆。具体示例如下。

（1）第一次世界大战的导火线是：萨拉热窝事件。

记忆：提取关键词，一战，萨拉热窝，配对联想，比萨饼和沙拉在热窝里决一死战。

（2）1789年，法国资产阶级革命爆发。

记忆：法国资产阶级革命是一场成功的革命，而1加7等于8，789很顺，很容易记住。

用配对联想法可以快速记住上述内容，需要注意的是，如果本身就熟悉的内容，那么不必拆分。

2. 串联记忆法记忆历史

对于一个题目对应多个知识点的历史内容，可以用串联记忆法记忆。具体示例如下。

（1）孙中山倡导的三民主义是指：民族主义、民权主义、民生主义。

记忆：直接逻辑串记，民族有权力为自己谋生存。

（2）解放战争时期的三大战役是：辽沈战役、淮海战役、平津战役。

第7章

记忆：提取关键字，辽、海、平，谐音"聊海平"，联想聊（辽沈战役）到三大战役很怀念，战况激烈，海（淮海战役）都打平（平津战役）了。

注：辽沈战役因发生在辽宁和沈阳而得名，平津战役因发生在北平和天津而得名。

（3）中华人民共和国第一部宪法版本：

1）时间：1954年9月

2）制宪机关：第一届全国人民代表大会

3）五四宪法的特点：是第一部社会主义类型的宪法；也是我国有史以来真正反映人民利益的宪法。

记忆：中华人民共和国的宪法肯定出现在1949年后，所以19不用记，后面有多个"第一"，也很容易记；直接串联记忆，联想一个社会主义青年（54）在人民代表大会上拿着一本宪法讲了很久（9），问答反应速度快，为人民争取利益。

可以看到，一个题目有多个知识点的时候，不管这些知识点的长度、类型是否一样，都可以用串联记忆法快速记住。当知识点比较多或者用谐音法进行转换的时候，要回忆检测，确保记忆准确。

二、用标题记忆宫殿记忆历史中的长内容

还可以使用标题记忆宫殿来记住历史学科中较长的内容，具体示例如下。

例：请记忆日本明治维新的主要内容。

1. 军事上：富国强兵，实行征兵制，建立新式军队。
2. 文化上："文明开化"，向西方学习，改造日本的教育、文化和生活方式。
3. 政治上：废藩置县，加强中央集权。
4. 经济上："殖产兴业"，推行地税改革，大力发展近代经济。

可以先记大点，再记小点。

在上述内容中，标题的关键信息是明治维新，对应的四个主要内容分别是：富国强兵、文明开化、废藩置县和殖产兴业。

可以从"明治维新"中提取两个关键词："明治"和"维新"，当作标题"挂钩"，每个"挂钩"可以记住两个内容。

明治，联想到三明治，联想一个强壮的日本士兵边吃三明治边拿着一本西方的英语教材学习，对应军事和文化。

维新，谐音"围"和"兴"，联想，返回到县中央被围起来，就是加强中央集权；"兴"就是殖产兴业，大兴各种产业，对应政治和经济。

就这样，我们通过标题记忆宫殿记住了日本明治维新的四个主要内容。军事、文化、政治、经济，这四个关键词很容易理解记忆，而每一个内容后面的详细关键词可以通过理解记忆，也可以进一步用大点拓展联想。

比如第一条后面的"实行征兵制，建立新式军队"，可以直接联想场景：吃三明治的日本士兵是通过征兵加入的，并且从新式军队里面走出来。第二条比较简单，第三条废藩置县，提取关键字"藩县"，谐音"返县"，返回县里被围在正中央，加强了权力。第四条殖产兴业，大兴各种产业，产业肯定要用土地，所以联想到推行地税改革，能很容易地建立起联系。

标题记忆宫殿记忆历史示例

通过这样的方式，我们就能快速、准确地记住大段的历史内容。

三、用万事万物记忆宫殿记忆历史中的长内容

由于历史学科本身的结构性比较强，并且内容通常是按照时间发展顺序组织起来的，所以我们也可以结合思维导图去梳理历史的结构，然后用万事万物记忆宫殿来记忆大段的内容。

下面以记忆中学历史《中国近代史》为例。

对于历史知识的记忆，要把握整个脉络和结构。可以先记忆大点，再记忆小点。对于整本书的记忆，需要先记忆每个单元的主要内容。

第7章

《中国近代史》总共分六个单元，可以提取每个单元的关键信息。

第一单元，中华人民共和国的成立和巩固，提取关键信息，"成立巩固"。

第二单元，社会主义制度的建立与社会主义建设的探索，提取关键信息，"建立探索"。

第三单元，中国特色社会主义道路，提取关键信息，"特色道路"。

第四单元，民族团结与祖国统一，提取关键信息，"团结统一"。

第五单元，国防建设与外交成就，提取关键信息，"国防外交"。

第六单元，科技文化和社会生活。提取关键信息，"科技生活"。

我们可以用万事万物记忆宫殿快速记住这六个单元的主题。"成立巩固"可以联想到天安门，因为开国大典在天安门城楼上举行，并且天安门的城墙很坚固；然后想象天安门下面有个建设房屋的工人，工人伸出手代表探索，就是"建立探索"；想象工人伸手探索出了一条红色的路，代表"特色道路"；路上有多个民族的人在红旗下手拉手，代表"团结统一"；红旗上空有外交官坐在战斗机上飞行，代表"国防外交"；天上有飞机，地上有小孩拿着书本学科技文化，旁边还有成年人在穿衣吃饭，代表"科技生活"。

具体如下图所示，这个场景中的每个物体都是从要记忆的内容中选出来的，于是我们就把整本书的所有单元主题都串联到万事万物记忆宫殿的同一个场景中了，后面还可以在这个场景中继续拓展记忆细节内容。

万事万物记忆宫殿记忆整本书示例

记住了大的单元结构之后，就可以来记忆每个单元的全部内容了。比如，我们要记忆第一单元的内容，具体如下。

请记忆"中华人民共和国的成立和巩固"单元的重要知识点。

一、成立

1. 概况：1949年10月1日，举行开国大典。

2. 意义：开创了中国历史的新纪元。

二、巩固

1. 西藏解放（政治巩固）

（1）时间：1951年，西藏和平解放。

（2）意义：大陆统一、民族大团结。

2. 抗美援朝（军事巩固）

（1）起因：1950年6月，朝鲜内战，美国入侵朝鲜，威胁中国边境，朝鲜请援。

（2）经过：彭德怀率志愿军入朝，连续发动五次大规模战役，将美国侵略军打回"三八线"。

（3）结果：1953年7月，美国签署停战协议，中朝胜利。

（4）意义：是中国人民站起来后屹立于世界东方的宣言书，是中华民族走向伟大复兴的重要里程碑。

3. 土地改革（经济巩固）

（1）概况：1950年，颁布《中华人民共和国土地改革法》，废除地主阶级封建剥削的土地所有制，实行农民的土地所有制。

（2）完成：1952年底基本完成。

（3）意义：彻底摧毁封建土地制度，农民成为土地主人。

像这样的知识内容，也属于典型的"大点套小点"的形式，还是把握"先记大点再记小点"的原则，把握整个知识点的结构，在理解的基础上再去出图联想记忆。

第一部分——"成立"，成立的时间，1949年10月1日开国大典，这个很简单，10月1日也是我们熟知的国庆节；中华人民共和国的成立，开创了中国历史的新纪元，根据逻辑联想很容易记住。

再来看第二部分——"巩固"，总共分三部分："西藏解放""抗美援朝""土地改革"，分别提取关键字"西""美""土"，直接串联记忆：西边有美土，联想天安门下方的左边有美丽的土地（左西右东）。

记住了三大事件的名称后，可以再结合逻辑和联想记住每个事件的细节。

1. 西藏解放。1951年，西藏和平解放。"巩固"肯定是在中华人民共和国成立之后，所以只用记忆数字"51"，编码是工人；可以联想，一个肩膀上有和平鸽的工人徒步去西藏。西藏有一大片陆地，还有藏族等少数民族，对应大陆统一和民族大团结。

2. 抗美援朝。"起因"比较容易理解记忆，主要需记忆时间，1950年6月。同理，19不用记，"50"谐音"武林"，"06"的编码是手枪，可以联想一个朝鲜的武林高手拿着手枪开枪，引发了朝鲜内战。接着记忆"经过"，联想彭德怀将军带领志愿军进入朝鲜，连续发动五次大规模战役，双手鼓掌（因为"05"的编码是手），把敌人打回"三八线"。记忆"结果"，结束时间是1953年7月，与开始的时间相比过了三年零一个月，可以联想，朝鲜武林高手，开了三枪，打完了最后一颗子弹。抗美援朝是中朝胜利，美国被迫签署停战协议。

3. 土地改革。记忆"概况"，1950年，跟抗美援朝的开始时间是同一年，不用记（或者联想是中华人民共和国成立的后一年）；颁布了土地改革法，没收地主的土地，分土地给农民，很容易记住；记忆"完成"的时间，1952年年底，"52"的编码是鼓儿，联想农民当家做主，有了土地，开心地敲锣打鼓。记忆"意义"，彻底摧毁封建土地制度，农民成为土地主人，根据理解记忆很简单。

西藏解放(1951年) 抗美援朝(1950年6月) 土地改革(1952年年底完成)

万事万物记忆宫殿记忆历史知识的示例

通过这样的方式，我们很快就记住了这三个事件的全部内容，经过几次复习和回忆，能保证记忆非常准确。

可以看到，可以根据要记忆的主题知识，来想象场景和构建与内容相符的万事万物记忆宫殿，同时结合串联记忆法等方法，既能把握历史知识的结构，又能准确记住所有的内容。

第 10 节　地理记忆方法

地理这门学科兼具文科和理科的特点，既有大量的知识点要记，又有很多事物规律需要去理解。要记忆的知识类型以中文、数据和图形图像为主。

学好地理学科要把握的方针是：要把握好"地"和"人"两条线。一方面从"地"的角度，需要结合空间思维去理解和记忆与地理环境相关的事实和规律，另一方面从"人"的角度，考虑相关地理环境对人类活动的影响，以及人类活动反过来对地理造成的影响。在理解的基础上，再结合数字编码、中文记忆和图形图像的记忆方法去记忆。

现在一起来看具体的记忆示例。

一、用配对联想法和串联记忆法记忆地理中的短内容

地理学科中有很多比较短和零散的内容，可以用配对联想法和串联记忆法去快速记忆。

1. 配对联想法记忆地理知识

对于一个题目对应一个知识点的地理内容，可以用配对联想法记忆。具体示例如下。

（1）中国最大的渔场——舟山渔场。

记忆：直接配对联想，乘舟在山下的一个巨大的渔场打鱼。

（2）中国最大的盐场——长芦盐场。

记忆：直接配对联想，超级大的盐场里面长了很高很长的芦苇。

（3）世界"雨极"——乞拉朋齐。

记忆：乞求降雨，拉着朋友一齐求雨，结果降雨量一下子成为世界最多的。

（4）世界"干极"——阿塔卡马沙漠。

记忆：这个沙漠太干了啊（阿），塔里还卡了一匹马，没有水喝，是世界上降水量最少的地方。

（5）南美洲和北美洲的分界线——巴拿马运河。

记忆：一巴掌拿来一匹马放在运河里分开南北，特别美丽。

2. 串联记忆法记忆地理知识

对于一个题目对应多个知识点的地理内容，可以用串联记忆法记忆。具体示例如下。

（1）地图三要素：比例尺、方向、图例。

记忆：提取关键字"尺""方""图"，串记，一把尺子放在方形的地图上。

（2）四大洋：印度洋、大西洋、北冰洋、太平洋。

记忆：一个印度人一手拿大西瓜，一手拿北冰洋汽水，走在太平洋上。

（3）七大洲：亚洲、非洲、欧洲、南美洲、北美洲、大洋洲、南极洲。

记忆：直接串记，"亚非欧，南北美，大南极"。

（4）世界四大渔场：北海渔场、北海道渔场、纽芬兰渔场、秘鲁渔场。

记忆：渔夫去渔场打鱼，被北海道拦路（北海—北海渔场；道—北海道渔场；拦—纽芬兰渔场；路—秘鲁渔场）；或者渔夫吃着北海道冰淇淋去打鱼，被牛粪和壁炉拦路。

可以看到，用配对联想法和串联记忆法可以快速记住大量的地理知识，其中，在使用串联记忆法时需要提取合适的关键信息，并且结合分解法和谐音法，去记忆完整。

二、用标题记忆宫殿记忆地理中的长内容

可以使用标题记忆宫殿来记住地理学科中较长的内容，具体示例如下。

例：请记忆海陆变迁的原因。

海陆变迁就是在地球表面某位置发生的由海变为陆地或是由陆地变为海的变

化。造成海陆变迁的原因分为自然原因和人为原因，自然原因是地壳变动和海平面的升降，人为原因是人类活动。

在上述内容中，主要要记忆海陆变迁的原因，直接用标题记忆宫殿。标题也可以帮助我们理解知识，海陆变迁就是海陆的变化，海变成陆地或者陆地变为海，很容易理解。再来看具体怎么记。

标题的关键信息是海陆变迁，对应的三个原因分别是：地壳变动、海平面的升降和人类活动。

我们可以从"海陆变迁"中提取三个关键词："海""陆""变迁"，当作标题"挂钩"，再把这三个关键词依次与三个原因进行联想记忆。

海，联想到海平面，对应"海平面的升降"。

陆，联想到大陆、地壳，对应"地壳的变动"。

变迁，联想到人改造环境带来的变化，对应"人类活动"。

其中，海平面的升降和地壳的变动都是自然原因，人类活动是人为原因，很容易理解和记忆。

所以，用标题记忆宫殿，可以迅速记住上述内容，而且同时兼顾了逻辑理解和图像记忆，印象会更深刻。

三、用万事万物记忆宫殿记忆地理中的长内容

还可以用万事万物记忆宫殿记忆比较长的内容，根据要记忆的主题知识内容，来想象场景和构建与内容相符的记忆宫殿。

例：请记忆秦岭—淮河一线的地理意义。

1. 是我国北方地区和南方地区的分界线（地区）。秦岭—淮河以北为北方地区；秦岭—淮河以南为南方地区。

2. 大致相当于我国冬季1月0℃等温线（气温）。秦岭—淮河以北1月份的平均气温在0℃以下，冬季一般结冰；秦岭—淮河以南1月份的平均气温在0℃以上，冬季基本不结冰。

3. 是我国暖温带和亚热带的分界线（温度带）。秦岭—淮河以北为暖温带；秦岭—淮河以南为亚热带。

4. 是我国温带季风气候与亚热带季风气候的分界线（气候类型）。秦岭—淮河以北为温带季风气候；秦岭—淮河以南为亚热带季风气候。

5. 是我国年降水量800毫米等降水量线（降水量）。秦岭—淮河以北降水量小于800毫米；秦岭—淮河以南降水量大于800毫米。

6. 是我国半湿润地区和湿润地区的分界线（干湿程度）。秦岭—淮河以北是半湿润地区；秦岭—淮河以南是湿润地区。

7. 是我国旱田农业与水田农业的分界线（农田类型）。秦岭—淮河以北以旱田为主，粮食作物以小麦为主；秦岭—淮河以南以水田为主，粮食作物以水稻为主。

上述知识点是中学地理中的重点内容和高频考点，乍一看有非常多的内容需要记忆，貌似难度很大，但是，我们可以结合万事万物记忆宫殿快速记下来。

对于要记忆的多条信息，我们可以提取关键字，并进行分类。上述内容其实分别从地区、气温、温度带、气候类型、降雨量、干湿程度和农田类型共七个方面描述了秦岭—淮河一线的地理意义（示例中的括号内容是为方便你记忆特地加上去的）。这几条之间也是有逻辑关系的，可以分为三类。第一类是第1条，跟地区相关；第二类是第2、3、4条，跟气温有关；第三类是第5、6、7条，跟降水量有关。

我们可以根据内容构建出万事万物记忆宫殿。学好地理有一个很重要的原则，就是一定要结合地图记忆。我们可以想象中国地图中部的秦岭和淮河构成了一条线。提取三个"地点"作为记忆宫殿的"挂钩"，分别是"秦岭""淮河""一线"，来记住7条大的意义。这7条内容中的每一条，都可按照先北后南的逻辑顺序去记忆，避免混淆。

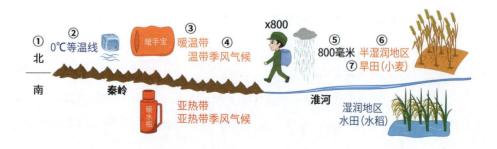

万事万物记忆宫殿记忆地理知识示例

"一线"想象出一条线，这条线以北就是北方地区，以南就是南方地区，是我国北方地区和南方地区的分界线，很容易理解。

"秦岭"想象秦岭山脉很长、很高，高处不胜寒，联想到气温，进而就可以联想到是我国冬季1月0℃等温线，我国处于北半球，通常纬度越高，温度越低，所以秦岭—淮河以北地区1月份的平均气温低于0℃，冬季结冰，以南地区的平均气温高于0℃，冬季基本不结冰。

由气温联想到温度带，所以分别是暖温带和亚热带的分界线，可以想象线的上方有一个暖胃的暖手宝（暖温带），下方压着一个热水瓶（亚热带）。

再由温度带联想到气候类型，由于我国是一个东部沿海国家，所以有季风气候，再结合温度带，可以联想这条线是温带季风气候与亚热带季风气候的分界线，热带的温度比温带高，我国北方冷，南方热，也很容易记忆。

"淮河"有很多水，自然可以联想到降水量，进而就可以联想到秦岭—淮河是我国年降水量800毫米等降水量线，想象淮河上有八百标兵背着水袋奔向秦岭的北坡。结合常识知道北方干燥，南方多雨，可以记住北方的降水量小于800毫米，南方的降水量大于800毫米。或者结合逻辑进行相似联想，从北到南，温度和降水都是增加的。

由降雨量的多少可以联想到地区的干湿程度，可以判断气候是否湿润（地区的降水量大于蒸发量，气候湿润），所以可以进而联想到秦岭—淮河是我国半湿润地区和湿润地区的分界线。南方多雨，是湿润地区；北方就是半湿润地区。

由降雨量和是否湿润干旱，还能联想到农田类型，进而联想到秦岭—淮河是我国旱田农业与水田农业的分界线。再根据降雨量南多北少，可以进而联想到北方是旱田，粮食作物主要是小麦，南方是水田，粮食作物主要是水稻。水稻和水田都有"水"字，也能方便联想记忆。

所以，通过这样的方式，很快就记住了秦岭—淮河一线的七条地理意义及每条意义的详细内容，是不是很巧妙呢？其实，气候的要素就包含了气温和降水，结合地理气候的知识也可以联想起来，但是结合了万事万物记忆宫殿和地图后，会联想得更快、更紧密。

总之，我们在学习地理知识的时候，一定要学会结合地图，再根据知识的逻辑规律和图像联想，建立起知识点之间的联系。这样的图像思维既能够帮助理解，又能让记忆更牢固。

第7章

第11节　专业考证记忆方法

除了中小学的考试之外，专业考证也要记忆大量的内容。将记忆法用在考证上，可以节省大量时间（如配对联想法、串联记忆法、记忆宫殿法等）。本书以教师资格证、注册会计师证、法律职业资格证、执业药师资格证等考试作为示例，来讲解考证内容的记忆。

一、教师资格证考试记忆示例

1. 洛克提出了"白板说"。

配对联想：白板上落下了一克灰。

2. 培根首次把教育学作为一门独立学科提了出来。

配对联想：一块培根立起来了，变成了一本教育学图书。

3. 杜威提出了现代教育的"新三中心"理论：儿童（学生）、活动、经验。

串联记忆：一条威风的杜宾犬陪伴儿童在游玩活动中积累学习经验。

4. 教师教学的八大原则：①直观性原则；②启发性原则；③巩固性原则；④量力性原则（可接受性原则）；⑤循序渐进原则（系统性原则）；⑥因材施教原则；⑦理论联系实际原则；⑧科学性与教育性相结合原则。

身体记忆宫殿：眼睛，对应直观性原则；头发向上，对应启发性原则；肩膀拱起来，对应巩固性原则；手量力而为，对应量力性原则；脚一步步走，对应循序渐进原则；嘴巴对不同学生说不同的话，对应因材施教原则；脖子连接了嘴巴（理论）和身体（实际），对应理论联系实际原则；小腿并排一起走，对应科学性与教育性相结合原则。

二、注册会计师证考试记忆示例

1. 税法的基本原则：税收法定原则、税收公平原则、税收效率原则、实质课税原则。

标题记忆宫殿：税，实际收税要有效率，对应实质课税原则、税收效率原则；法，法律规定要公平，对应税收法定原则和税收公平原则。

2. 以国家法律形式发布实施的税种有：企业所得税、个人所得税、烟叶税、车辆购置税、车船税、船舶吨税、资源税、环境保护税、城市维护建设税、耕地占用税、契税。

串联记忆或万事万物记忆宫殿：企业（企业所得税）中有一个人（个人所得税）在抽烟（烟叶税），他用个人所得购置车辆（车辆购置税），把车停在船上（车船税），船舶上有成吨（船舶吨税）的资源（资源税），船舶排放的废物污染了环境（环境保护税），下船后在一个城市（城市维护建设税）买了占用耕地（耕地占用税）的二手房，签订了契约（契税）。

三、法律职业资格证考试记忆示例

1. 民法法系又称：大陆法系、罗马日耳曼法系。

串联记忆：有一个人在大陆（大陆法系）上骑着骡马（罗马日耳曼法系）。

2. 民事主体依法享有知识产权。知识产权是权利人依法就下列客体享有的专有的权利：（一）作品；（二）发明、实用新型、外观设计；（三）商标；（四）地理标志；（五）商业秘密；（六）集成电路布图设计；（七）植物新品种；（八）法律规定的其他客体。

人物记忆宫殿：爷爷很有智慧，写了很多作品；奶奶心灵手巧，发明了很多实用新型专利，外观设计还很好看；爸爸有商业头脑，设计了很多商标；妈妈为全家操劳，买了很多有地理标志的产品；哥哥很聪明，知道很多商业秘密；姐姐很细心，一丝不苟地在做集成电路布图设计；弟弟很调皮，在实验中发现了植物新品种；妹妹最小最受宠爱，法律规定的其他知识产权都归她。

四、执业药师资格证考试记忆示例

1. 疫苗记录依法应保存的最低年限是 5 年。

配对联想：用手（数字编码05）打疫苗，或打疫苗"呜呜"（谐音：五）地哭。

2. 我国改革完善短缺药品供应保障机制的基本原则是分级应对、分类管理、会商联动、保障供应。

串联记忆：应对短缺药品问题，要先分级，再分类，会商联动，一起保障供应。

3. 中药材雷公藤的功效与主治：祛风除湿，活血通络，消肿止痛，杀虫解毒。

万事万物记忆宫殿：雷公藤，在理解的基础上想象一个缠绕着藤蔓的雷公，在雷公身上找两个地点，膝盖和赤脚。藤蔓缠在膝盖上可以祛风除湿，活血通络（由骨头到血脉经络）；藤蔓缠在赤脚上可以杀虫解毒，消肿止痛（有虫子把脚咬肿了）。

可以看到，可以使用配对联想法、串联记忆法、记忆宫殿法等方法，去高效记住各专业的考点重点。其中的关键在于：一定要在理解的基础上，提取关键信息，并且用图像联想法快速记住。

由于考试考证的学科内容众多，一本书无法将所有学科的所有知识记忆示例都列出，故选取前述典型的内容作为记忆示例参考。需要你仔细体会方法后多加练习，并灵活运用。

当你熟练掌握记忆法后，就可以快速记住大量学科考证的内容，也希望你真正练就快速记忆能力，让自己考证更轻松，工作更高效！